Zur
Lebens- und Stoffwissenschaft des Thiers.

Erste Lieferung.

Der Todesprozeß im Blute.

Ein einleitender Grundriß
in
die Vorlesungen über Physiologie und Zoochemie

von

Friedl. Ferd. Runge,

Doktoren der Weltweisheit und Heilkunde und Privatdocenten an der Hochschule zu Berlin.

Berlin, 1824.
gedruckt und verlegt
bei G. Reimer.

J. B. Wilbrand,

dem Begründer

der Lebenswissenschaft

des gesunden,

und

D. G. Kieser,

dem Begründer

der Lebenswissenschaft

des kranken

Organismus,

hochachtungsvoll

zugeeignet

vom

Verfasser.

Vorrede und Einleitung.

In dem Selbstbewußtseyn ist dem Menschen das Wahrhaftmenschliche oder das Göttliche erschienen; durch dieses ist er frey, durch dieses steht er über der bewußtlosen Natur.

Alles was unter dem Selbstbewußtseyn liegt: die ganze s. g. organische Seite des menschlichen Organismus, stellt dieses nur vorahnend und werdenwollend, aber noch nicht geworden dar, und tritt sowohl in den lebendigen als stoffigen Verhältnissen auf den verschiedensten Stufen der Ausbildung in die Erscheinung.

Diese Stufen gehören aber wesentlich zum ganzen Menschen; denn sie sind das Tragende, Nährende, ja eigentlich das Zeugende des Selbstbewußtseyns, dieses Gipfels aller organischen Entwickelungen des Menschen.

Das Höhere, der Gipfel einer Reihe von Entwickelungen in der Natur, fußt nothwendig auf einem Niederen, das ihm Grund des Daseyns ist. Dieses ist das Vorbild zu jenem, jenes das Nachbild von diesem, eben wegen der genetischen Verknüpfung beyder. Ebenso verhält es sich nun mit dem Selbstbewußtseyn, das seinen Grund in dem Bewußtlosen hat.

Durch welche Stufen der Entwickelung gelangt nun der Mensch zu dem Wissen um das Selbst? — Durch dieselben, wodurch der Planet dazu gelangt! — Der entwickelte Mensch ist das vollkommene Nachbild des entwickelten Planeten.

Die große Dreyeinigkeit von Erd- Wasser- und Luftelement (= Planet) hat sich*) durch das Wechselverhältniß mit der Sonne

1) zum Ird- oder Mineralreich,
2) zum Pflanzenreich,
3) zum Thierreich und
4) zum Menschenreich

entwickelt und heraufgebildet.

Das Irdreich ist der Grund, das Menschenreich der Gipfel dieser Entwickelungen. Pflanzen- und Thierreich sind die nothwendigen Mittelglieder dieser Beginn- und Endpunkte. Das Irdreich mußte erst zwey Verwandlungen: die in das Pflanzenreich und die in das Thierreich durchlaufen, ehe es zur Menschenwerdung gelangen konnte. Zwischen dem Leben des Steins und dem Selbstbewußtseyn des Menschen ist ein zu großer Abstand, eine zu

*) Vergl. Kiesers Archiv für den thierischen Magnetismus 8 Bd. u. f.: Die Genesis des menschlichen Magnetismus von Fr. Runge.

große Verschiedenheit, als daß das erstere sich ohne Weiteres in letzteres verwandeln könnte; nur durch die vorangegangene Verwandlung in Pflanzen- und Thierreich war dieß möglich.

Diese Entwickelungsstufen lassen nun in dem jetzigen Planeten (der Erde mit ihrem Zubehör) das erkennen, was die Alten so sinnig mit Macrocosmus bezeichneten, denn sie sind Hervorbildungen aus einander, sie sind einander Mittel und zugleich auch Zweck: die nothwendige Bedingung eines organischen Ganzen.

Es ist nun zu zeigen, wie der menschliche Organismus das vollkommene Abbild oder vielmehr Nachbild jenes großen Organismus im Kleinen sey, und wie derselbe mit Recht Microcosmus genannt zu werden verdiene; was uns zu einer rein natürlichen Eintheilung dieses kunstvollsten aller planetaren Naturwerke führen wird.

Die Sache ist sehr einfach. Sind wir nur im Stande, im menschlichen Organismus die vier Entwickelungsstufen des Macrocosmus wieder aufzufinden, und als in menschlicher Gestalt vorhanden nachzuweisen, so daß jener sich in diesem aufs vollkommenste wiederspiegelt, so ist die Aufgabe gelöst.

Das Wesentliche und Unterscheidende der vier verschiedenen Planetenentwickelungen läßt sich folgendermaßen kurz zusammen fassen:

Das Irdreich schlummert noch in der reinen Selbstzeugung; zu einem Höheren hat es hier noch nicht kommen können.

Im Pflanzenreich ist zur Selbstzeugung noch die Geschlechtszeugung hinzugekommen. (Fortpflanzung.)

Dem Thierreich sind drey Zeugungen wesentlich. Außer der Selbst- und der Geschlechtszeugung sind seine Sonder (Individuen) durch die Willkühr der Bewegung noch kunstzeugend. — Alle Kunst hat ihren Entstehungsgrund in der erst im Thierreich sich offenbarenden Willkühr der Bewegung.

Endlich verwirklicht sich in der Menschheit die vierte und höchste aller Zeugungen: Wissenschaftzeugung, die nur beym vollkommen erwachten Selbstbewußtseyn möglich ist. — Alle Wissenschaft hat ihren Entstehungsgrund in dem „Wissen des Selbst um das Seyn."

Was von der Gesammtheit des Einzelnen gilt, das gilt auch von der Einzelnheit des Gesammten. Das eben ausgesprochene Eigenthümliche und Unterscheidende der vier Planetenreiche muß demnach mit gleichem Rechte im Besonderen von deren Bestandformen gelten; denn der Theil ist selbst das Ganze auf seine Weise. Wenn nun nach dem Obigen das Ird eine Einheit ist, (mit einer Zeugung), die Pflanze eine Zweyheit (mit zwey Zeugungen), das Thier eine Dreyheit (mit drey Zeugungen), so ist der Mensch eine Vierheit (mit vier Zeugungen). Der Mensch ist selbstzeugend wie das Ird, geschlechtzeugend wie die Pflanze, kunstzeugend wie das Thier und wissenzeugend wie die Menschheit.

Diese Bestimmung des Wesentlichen der vier Reiche und ihrer Bestandformen schließt nun nothwendig alles das in sich, was man sonst noch als Unterscheidendes bei ihnen herausheben kann; indem es nur Abspiegelung von diesem ist, in den Weisen der irdischen Erscheinung. Wir haben oben vorzugsweise die Eigenthümlichkeit der Bethätigung (die Zeugungen) der vier Reiche aufgeführt; nothwendig muß aber dieser eine eigenthümliche Verleiblichung und Begränzung zur Seite gehen, oder vielmehr sie begründen. Der Irdleib ist darum so einfach, weil ihm nur eine Hauptthätigkeit: die der reinen Selbstzeugung zukommt, und umgekehrt ist der Menschenleib so vielfach, weil ihm vier Hauptthätigkeiten (Zeugungen) wesentlich sind. Ferner ist der Thierleib zusammengesetzter als der Pflanzenleib, weil in jenem drey, in diesem nur zwey Hauptthätigkeiten ihre Verkörperung gefunden haben.

Hienach sind nun im menschlichen Organismus vier Leiber aufzusuchen, indem die vier Hauptthätigkeiten des Menschen sich auch in der Verleiblichung verwirklichen müssen. — Der eine dieser Leiber muß dem Ird entsprechend seyn, und darf dem Wesentlichen nach nur eine Zeugung: die Selbstzeugung besitzen. Dies ist das s. g. reproduktive

System; wir nennen es Bauch. Der Bauch ist das Irdreich im Menschen. Durch die Bestandformen des Bauchs (Lunge, Leber, Darm) gelangen die drey planetaren Elemente (Luft, Erde, Wasser) zur ersten Stufe der Bewußtwerdung, die Selbstzeugung heißt, gerade so wie sie im Irdreich zur ersten Stufe der Menschenwerdung kommen.

Der zweyte Leib stellt die Pflanze auf menschliche Weise dar. Er ist wie diese selbstzeugend und geschlechtzeugend. Er heißt Generationssystem; wir nennen ihn Gemächt. Das Gemächt ist das Pflanzenreich im Menschen. Durch die Bestandformen des Gemächts gelangt der Bauch zu einer höheren Stufe der Bewußtwerdung, die Geschlechtszeugung heißt, gerade so wie das Irdreich im Pflanzenreich der Menschenwerdung sich schon um eine zweyte Stufe genähert hat.

Der dritte Leib ist das Thier in menschlicher Gestalt. Er besitzt wie dieses die Selbst-, die Geschlecht- und die Kunstzeugung. Er heißt Bewegungssystem; wir nennen ihn Rumpf. Der Rumpf ist das Thierreich im Menschen. Durch die Bestandformen des Rumpfs (Bewegungsglieder) steigert sich das Gemächt zu einer höhern Art des Bewußtwerdens, nehmlich zur Kunstzeugung, die an die Wissenschaftzeugung gränzt, gerade so wie das Pflanzenreich durch die Entwickelung des Thierreichs der Menschenwerdung schon möglichst nahe gekommen ist.

Endlich ist noch ein vierter Leib, der höchste und vollkommenste aller, vorhanden, der seinem Werthe nach dem ganzen Menschen gleichzustellen ist, indem ihm außer den genannten drey Zeugungen noch eine vierte: die Wissenschaftzeugung eigenthümlich ist. Dieser Leib ist das Haupt. Das Haupt ist die Menschheit im Menschen. Durch das Haupt kommen die drey vorhergehenden Zeugungen, die nur ein Vorahnen des Bewußtseyns sind, zum wahren eigentlichen Bewußtseyn, gerade so wie Irdreich, Pflanzenreich und Thierreich in der ganzen Menschheit erst zur klaren, selbstbewußten Anschauung gelangen.

Diese vier Leiber des menschlichen Organismus sind nun Hervorbildungen auseinander gleichwie die vier großen Entwickelungsstufen des Planeten dieses sind. Wie das Irdreich die Grundlage der drey übrigen ist, so ist der Bauch die Grundlage der drey übrigen Leiber. Wie ferner das Pflanzenreich im Irdreich wurzelt, ebenso wurzelt das Gemächt im Bauch. Wie die Entwickelung des Thierreichs das Schonvorhandenseyn des Ird- und Pflanzenreichs voraussetzte, ebenso konnte der Thierleib des Menschen oder der Rumpf erst nach dem Bauch und dem Gemächt entstehen, und sich vollständig entwickeln, und wie endlich die Menschheit das Letzte, der Gipfel aller Schöpfungen war, wie dieß schon bedeutungsvoll der Mythos von der Menscherschaffung erzählt, so ist das Haupt auch das Letzte, die Krone aller menschlich organischen Entwickelungen.

Diese Ansicht bestätigt nicht nur die vergleichende Anatomie, die in der ganzen Thierreihe den auseinander gelegten Menschen in vier Hauptabtheilungen sehen läßt, wovon die erste, niederste, es nur zur vollkommenen Entwickelung des Bauchs bringt, und alles andere nur angedeutet enthält; die zweyte es zu der des Bauchs und Gemächts; die dritte es zur vollkommenen Entwickelung des Bauchs, Gemächts und des Rumpfs gebracht hat; bis uns endlich die vierte und letzte entgegentritt, wo neben Bauch, Gemächt und Rumpf auch das Haupt zu seiner Ausbildung gekommen ist, und wo der Mensch den Gipfel bildet — sondern es beweisen dieß auch die Entwickelungsperioden oder die s. g. Lebensalter des einzelnen Menschen. Im ersten, anfänglichen Lebensalter, das der ersten Thierabtheilung entspricht, regiert der Bauch. Der Bauch ist im kindlichen Alter das allein vollständig Entwickelte und vorzugsweise Thätige. Im zweiten Lebensalter, das die zweyte Thierabtheilung auf menschliche Weise wiederholt, hat neben dem Bauch das Gemächt seine Vollendung erreicht. Es geht dem Menschen eine neue Schöpfungskraft auf: die Geschlechtzeugung, die das Jünglingsalter so mächtig bewegt. Nach der Pubertät gelangt erst der Rumpf (das Knochengerüst nebst Fleisch) zu seiner Kräftigkeit und Stärke, die vorzugsweise einem Alter angehören, das der dritten Thierabtheilung ebenbildlich ist, und welches zwischen dem des vernünftigen Mannes und dem des liebenden Jünglings liegt. Für dieses Alter fehlt der Name, weil es mit der zweyten Hälfte des Jünglings- und der ersten Hälfte des Mannesalters zusammen fällt, und daher gemeinhin mit diesen verwechselt wird.

Endlich ist, da „der Verstand nicht vor Jahren kommt", das Haupt, dieser leibliche Wiederschein des Verstandes und der Vernunft, dasienige, was am spätesten und letzten seine völlige Reife erhält, und dem Mannesalter angehört, einem Alter, in welchem die letzte und höchste Thierabtheilung sich vermenschlicht hat.

Es ist nun die Aufgabe, dieses Allgemeine durch die Aufsuchung und Nachweisung im Einzelnen und Besonderen wissenschaftlich zu begründen. Mit dem Bauch muß hier begonnen werden, wenn das wissenschaftliche Gebäude fest begründet werden soll.

Wir haben die Kühnheit gehabt eine solche Begründung zu versuchen, indem wir in der vorliegenden, ersten Lieferung den Bauch nebst seinen Hauptbestandformen: Lunge, Leber und Darm, in ihrer Entwickelungsweise so aufzufassen trachteten, wie sie die wissenschaftliche Erkenntniß des Menschen nur geben kann, und das Gesetz der Nothwendigkeit, das im Menschen zur selbstbewußten Consequenz sich steigert, es forderte. Einestheils mag hier das Kennerurtheil entscheiden, in wie fern uns dieß gelungen, anderentheils, hoffen wir dieß selbst zu thun, indem wir an die Entwickelungsgeschichte des Bauchs in den folgenden Lieferungen die des Gemächts, des Rumpfs und des Haupts anknüpfen, und zeigen, wie eines sich aus dem anderen entwickelt, eins dem anderen Grund des Daseyns ist. Der Vorwurf der zweyten Lieferung wird demnach seyn: nachzuweisen, wie das Gemächt aus dem Bauch seinen Ursprung nimmt, mit ihm organisch verbunden ist, und neben seiner reinen Selbstzeugung noch die Geschlechtszeugung ausübt, und gleichsam außer sich ein Neues schafft, wie es die Pflanze im großen Entwickelungsgange des Planeten zuerst thut. Die dritte Lieferung wird den Rumpf, die vierte das Haupt umfassen, und neben den s. g. organischen die Entsteh- und Bestehweise betreffenden Verhältnissen werden Kunst und Wissenschaft, wenigstens ihrer leiblichen Beziehung nach, ihre Begründung finden.

Nur erst dann, wenn dieses geschehen ist, wird mit Erfolg von der Zoo- und Anthropochemie gehandelt werden können: denn ohne vorherige Feststellung der hier zu befolgenden Principien, welche nur die Entwickelungsgeschichte des Organismus verleihen kann, ist jedes s. g. chemische Untersuchen unnütz, und wird immer nur auf Abwege führen.

Was nun den Inhalt der ersten, vorliegenden Lieferung selbst betrifft, so können wir ihn nur als einen Versuch betrachten, das Bauchleben in seiner Nothwendigkeit d. h. ohne Mechanik und Teleologie darzustellen. Da nun letztere noch zu mächtig in der jetzigen Physiologie sind, und bey gar vielen Forschern noch in einem sehr hohen Ansehen stehen, so war fast mehr des Alten niederzureißen, als wir im Stande waren, des Neuen wieder aufzubauen; ja wir waren, um die Trümmer nicht zu sehr zu häufen, genöthiget, manche unrichtige Ansichten ganz unberücksichtigt zu lassen. Zu diesen gehört unter anderen die gewöhnliche Eintheilung des menschlichen Organismus in das reproduktive, irritabele und sensibele System. Sie ist bey einer wissenschaftlichen Betrachtung des Organismus durchaus ungenügend, indem sie eine rein anatomische ist, die die Ganzheit vereinzelt. Die Bestandformen der Ganzheit sind aber wieder Ganzheiten, wenn gleich in einem beschränkteren Kreise. Wenn demnach der Organismus, um dem Verstande zu Hülfe zu kommen, eingetheilt werden soll, so muß dieß nach Ganzheiten (Totalitäten) geschehen, wie Oken dieß in der Naturgeschichte (Botanik und Zoologie) gethan hat. Man könnte zwar der oben erwähnten gewöhnlichen Eintheilung eine höhere Bedeutung abgewinnen, und dieselbe zur Allgemeinheit erheben, indem das reproduktive System als dem Bauch, das irritabele als dem Rumpf, und das sensibele als dem Haupt entsprechend dargestellt werden könnte. Allein man ist zu sehr gewöhnt, beim irritabelen System ans Blutgefäß, beim sensibelen an die Nerven zu denken, als daß man zum ersteren auch das Knochengerüst der

Bewegungsglieder (die den Rumpf bilden helfen), zum letzteren auch den Hirnschädel rechnen würde; auch bliebe dann das Gemächt ohne alle besondere Auszeichnung, die ihm doch mit Recht gebührt.

Schließlich bemerken wir noch, daß die vorliegende erste Lieferung schon im November 1823 im Druck fertig war, und daß das Spätererscheinen derselben seinen Grund in der weiten Entfernung des Verfassers vom Druckort hat, indem derselbe durch das verzögerte Ankommen der Aushängebogen erst jetzt im Stande war, die Vorrede und das Druckfehlerverzeichniß einzusenden.

Paris, den 18ten März 1824.

Uebergang.

§. 1.

Das Thier ist ein in der irdischen Endlichkeit Erscheinendes und somit ein Beschränktes und Beschränkendes, ein Begrenztes und Begrenzendes.

§. 2.

Beides: Beschränkung und Beschränken, Begrenzung und Begrenzen ist sein eignes Werk, ist die Offenbarung seiner Selbstheit im

beharrlichen Wechsel und in der wechselnden Beharrlichkeit.

§. 3.

Im beharrlichen Wechsel hat das Thier Bestand errungen, der in der thierischen Begrenzung irdisch wirklich wird, und sinnlich aufgefaßt „Stoff" heißt.

In der wechselnden Beharrlichkeit zeigt sich das Thier als ein Wandelbares, als welches es in der thierischen Bethätigung wirklich wird, die sinnlich aufgefaßt „Leben" heißt.

Die Begrenzung ist das Selbst des Thiers zur Ruhe, zum Bestand gebracht — Selbstbegrenzung (Verfestung). Die Bethätigung ist das Selbst des

Thiers in Wechsel-Kampf mit dem Nichtselbst, mit dem Aeußern — Selbstbehauptung (Vertheidigung).

§. 4.

Wie eine Begrenzung des Selbst ohne gleichzeitige Behauptung desselben unmöglich ist, uud umgekehrt die Selbstbehauptung auch Selbstbegrenzung setzt, so ist auch das Gleichbedeutende derselben: Thierleben und Thierstoff nur wirklich, in sofern sie eins sind: der Stoff das Leben in der Beharrung, das Leben der Stoff in der Bethätigung ist.

Ein unbegrenztes, stoffloses Leben ist ein Unding für die irdische Wirklichkeit; eben so ein unthätiger, lebenloser Stoff ein Nichtiges für die irdische Erscheinung; daher ist das Einsseyn derselben nothwendige Bedingung ihrer irdischen Verwirklichung.

§. 5.

Dieses Einsseyn ist ein Einerleyseyn (Identität), und ist nicht hervorgegangen aus der Einigung zweier Entgegengesetzten. Zwei Dinge (das Leben an sich, und der Stoff an sich) die nicht sind, können sich auch nicht einigen und dadurch ein Etwas werden. Das stofflose Leben kann demnach weder dem lebenlosen Stoff, noch dieser jenem das irdische Daseyn gegeben haben. Daher ist das Thierleben, das wirkliche, erscheinende, nichts weiter, als der Stoff der sich bethätigt, und der Thierstoff nichts anders als das Thierleben, das sich begrenzt, beharrlicht.

§. 6.

Diese Bethätigung des Thierstoffs und diese Beharrlichung des Thierlebens muß uns demnach als eine Einheit erscheinen, und diese Einheit ist die Thierform. Nur in der Form, in der Gestaltung stellt sich das

Thier sinnlich dar. Die Form ist der gemeinsame Ausdruck für den sich bethätigenden Stoff und das sich beharrlichende Leben.

§. 7.

Wo sonach das Thierleben wirklich wird, erscheint, da hat es einen Stoffleib, und mit diesem eine Form, und wo umgekehrt der Thierstoff sich dem Sinn darstellt, da zeigt er den Besitz einer Lebensseele, und mit dieser gleichfalls eine Form.

§. 8.

Die Thierverwirklichung ist demnach eine Verwirklichung in der Form, deren nothwendiger Inhalt (§. 7.) ihr die Möglichkeit einer zweifachen Erscheinungweise ertheilt: einmal als thätige und dann als beharrliche Formerscheinung.

§. 9.

In der thätigen Formerscheinung offenbart sich das Thier als ein Wechselndes, was in der Nacheinanderfolge von Immerneuem sich beurkundet; in der beharrenden ist dagegen der Bestand des Thiers begründet, der als ein Nebeneinanderverbleiben des Alten den Sinnen erscheint.

Das Wechselnde im Thier kann demnach als „Lebensform," das Beständige, Bleibende in demselben als „Stoffform" bezeichnet werden.

§. 10.

Auch der Mensch ist nur in sofern beide Erscheinungsformen in ihm zur Wirklichkeit gelangen, und in dem, was man in ihm als Geistiges und Leibliches trennt, sich zur Einheit durchdrungen haben. Sein Geistiges ist nur durch den wechselnden Bestand, so wie sein Leibliches nur durch den beständigen Wechsel. Sein ganzes Selbst ist aus diesen beiden Formen gleichsam zusammengeschmolzen.

Im Akt der geistigen Wiedergeburt, der das Selbst zum Bewußtseyn bringt, kommen in ihm nun nothwendig auch jene beiden Formen zur selbstbewußten Anschauung, eben weil sie mit seinem Daseyn, mit seinem Selbst einerlei sind: seine einzigen untrennbaren Bestandtheile ausmachen — diese Bewußtwerdungen heißen Zeit und Raum.

§. 11.

Die Zeitunterscheidung wird dem Menschen, entsteht ihm in der Bewußtwerdung der ununterbrochenen Nacheinanderfolge von Thätigkeits- (Denkungs-) Akten, die ihren sinnlichen Wiederschein in dem steten Wechsel der Dinge findet.

Zur Raumanschauung gelangt er, wenn er sich des Beharrlichen seines Daseyns bewußt wird, das außer ihm in dem Nebeneinanderverbleiben der Dinge seinen ebenbildlichen Inhalt findet.

Der Mensch hat nur eine Zeitunterscheidung, in sofern er nie derselbe ist, und die Dinge um ihn her wechseln, und hat nur eine Raumanschauung, in sofern er in seinem Wechsel dennoch beharret, und eben so die Dinge um ihn.

Der Grund einer Zeit- und Raumanschauung ist demnach der Mensch selbst, beide sind nur die Bewußtwerdungen seiner Daseynsweisen.

Bei der Raumanschauung bespiegelte er sich in seinem beharrlichen, bei der Zeitanschauung in seinem wechselnden Ich.

§. 12.

Hienach erscheint dem Menschen die, nur im Wechsel, im Nacheinanderfolgen von Immerneuem sich vergegenwärtigende Thierlebensform als das Zeitliche im Thier, und umgekehrt, die durch Bestand und Beharrlichkeit sich darstellende als das Räumliche in demselben.

§. 13.

Ist nun dieses, sind Zeit und Raum so im Thier thierisch geworden, wie sie im Menschen durch den Selbst-Bewußtseynsakt geistig menschlich hervortreten, so müssen auch in der thierischen Lebensform die Folgen (Successionen) der Zeit, und in der thierischen Stoffform die Maaße (Dimensionen) des Raums wiederkehren und sich dort im wechselnden Nacheinander, hier im beharrenden Nebeneinander auf thierische Weise verwirklichen: eben weil die Zeit undenkbar ist, ohne stetes Handeln: Nacheinanderfolgen, der Raum unschaubar ohne zu messendes Nebeneinander.

§. 14.

Daß die Raummaaße in der Thierstoffform wiederkehren, ist längst erkannt, wenn gleich noch nicht wissenschaftlich gewürdigt und so bearbeitet, wie bei den Irden (Mineralien). Es konnte nicht fehlen, daß der Mensch, bei welchem der beharrlichen Körperlichkeit doch die wechselnde Geistigkeit weichen muß, sich auch in dem Außerihm zuerst des Räumlichen und seiner Maaße bewußt wurde, sich desseu, als einmal schon in sich gefunden (angeschauet), gleichsam wieder erinnerte; ja bei Manchen ist die beharrliche, stoffige Selbstheit so vorwaltend, daß sie sich überall nur des Räumlichen der Dinge bewußt werden; selbst in der regsamsten Lebendigkeit nur Raumverhältnisse (Atomistik) sehen, nicht ahnend, daß sich in diesem Sehen nur ihr eignes räumliches (atomistisches) Selbst spiegelt. Nur Leben kann

Leben sehen! — Daher denn auch die großen Fortschritte in den Raum- und Stoffwissenschaften.

Dagegen ist es aus demselben Grunde erklärlich, wie die Seite, in welcher die Dinge die Zeit mit ihren Folgen, in ihrer eigenthümlichen Weise, nach Außen kehren, am spätesten zum klaren Bewußtseyn kam. Daher die Dürftigkeit, ja das Nochnichteinmalvorhandenseyn der Zeit- und Lebenswissenschaften vieler Gegenstände. Besonders gilt dieß vom Thier, dessen Lebensform nur von Wenigen als die zeitliche Erscheinungsweise erkannt worden ist. Das Wissen um dieselbe hat daher erst in neuerer Zeit begonnen, etwas mehr und höheres als rohe Mechanik und Teleologie zu seyn. Aber wie viel fehlt noch, um Den zufrieden zu stellen, der hier wie überall bei wissenschaftlichen Forschungen und Ergebnissen zu fordern berechtigt ist, daß sie wenigstens zu einem Ganzen die Grundlage seyen, die schon im Keime Alles durch innere Nothwendigkeit enthält, und nur die erwärmende, belebende Sonne des menschlichen Geistes erfordert, um zur vollständigen Entwicklung zu gelangen. — Zum Glück eröffnen sich uns hier tröstliche Aussichten; denn so gewiß es ist, daß die Stoffformwissenschaft der Irden (Krystallographie) diese nur dadurch geworden sey, daß die, in der Stoffform derselben sich verwirklichenden Raummaaße (Dimensionen) richtig erkannt und gewürdigt wurden (Hauy und Weiß), eben so gewiß ist es, daß die Lebensformwissenschaft des Thiers (Physiologie) nur durch gründliche Erkennung und umsichtige Würdigung der, in dieser Form sich darstellenden, Zeitfolgen (Successionen) begründet werden könne. Diese feste Ueberzeugung gab uns daher den Muth, den ersten Versuch dieser Art: Die Nachweisung der Zeitfolgen als in der thierischen Lebensform wiederkehrend, und das Eigenthümliche dieser Wiederkehr näher bezeichnend, als worauf das, was Physiologie und Zoochemie heißt, nur mit Erfolg zu gründen ist, zu wagen. Wie uns die Lösung dieser großen Aufgabe gelungen, das zu beurtheilen überlassen wir mit Freuden Denjenigen, in denen die neuere Zeit, mit ihren Folgen, sich recht eigentlich vermenschlicht hat. —

Der Titel dieses Versuchs wurde nicht aus Scherz, sondern mit besonnener Ueberlegung gewählt, und wie leicht er zu rechtfertigen, wird genugsam das Folgende zeigen, was auf nichts Geringeres, als darauf hinzweckt, durch folgerechtes Geltendmachen des oben (§. 13.) ausgesprochenen Grundsatzes nachzuweisen:

daß das Thierleben nur durch den Tod, durch Sterben, daß seine Selbstbehauptung nur durch Selbstzernichtung möglich und wirklich sey, und daß vorzugsweise im Blut sich dasjenige darstelle, zu welchem das Thier erstirbt, um — mit erneuetem Leben wieder zu erstehen.

Ohne den Todesbegriff ist das Leben unbegreiflich, und so auch ohne den Todesprozeß des Bluts der Lebensprozeß desselben! —

Durchdenken wir diese, uns hier durch die Zeit selbst im mehrfachen Sinne gewordene, Aufgabe einer folgerechten Durchführung des Obigen in Bezug aufs Thier, so wird das Streben, dieß zu vollbringen, noch mehr angefeuert durch eine sich zugleich eröffnende freudige Aussicht für die Stoffformwissenschaft (Zoochemie) des Thiers, deren Begründung die vollendete Grundlegung der Lebensformwissenschaft oder Physiologie voraussetzt, da jene nur durch diese entsteht, gleichwie das wechfelnde Thierleben in und durch diesen Wechsel erst zur beharrlichen Stoffigkeit gelangt (§. 43. 44.).

Wer im Thier den Stoff durch Stoffe (Reagentien) wissenschaftlich zu erfassen glaubt, unbekümmert um das, ihm durch den Wechsel erst Bestand verleihende, Leben, dessen Bestreben muß nothwendig scheitern; denn im Thier ist das Leben nicht, wie im Mineral, vom Stoff gefesselt und gebändigt, sondern es hat diesen in seinen beweglgen Schooß aufgenommen, und giebt ihn nur dann zu tasten und zu handhaben, wenn eine, durch die klare Anschauung des Lebens gezügelte und geleitete Hand sich nach demselben ausstreckt. —

§. 15.

Wie hat sich nun die Zeit in der thierischen Lebensform verwirklicht? — Nothwendig auf thierische Weisen, die mit lebendigen Bezeichnungen so heißen:

Entstehen, Bestehen, Vergehen.

Das Entstehen oder Werden entspricht als das Kommende dem Zukünftigen, das Bestehen als das Vorhandene dem Gegenwärtigen, und endlich das Vergehen als das Hinscheidende dem Vergangenen in der Zeitfolge. Das Entstehen ist der Lebensprozeß (im engern Sinn): der belebende, zeugende, das Vergehen der Todesprozeß, der tödtende, zernichtende. Ihr Erzeugniß ist dort das bestehende, gegenwärtige Thier, hier das hingeschiedene, wieder zur Außenwelt gewordene.

§. 16.

Nicht mehr, aber auch nicht weniger bemerken wir im Thier in Bezug auf seine Lebensform, die hienach nichts weiter ist, als die, unter der Form der Thierigkeit *)

*) Ist eben so von „thierig" abgeleitet, wie von pflänzlich: Pflänzlichkeit.

sich darstellende Zeit, die, wie die Zeit im engern Sinn, nur wirklich ist in der ununterbrochenen Nacheinanderfolge von Zukunft, Gegenwart und Vergangenheit, auch nur dadurch in die irdisch-thierische Erscheinung tritt und vorhanden ist, als ihre drei Folgen eine ununterbrochene Reihe bilden, so daß die werdende Zukunft stets durch die bestehende Gegenwart hindurch in die scheidende Vergangenheit hinübergeht.

§. 17.

Wenn aber erweislich die Zeit nur Zeit ist, in sofern sich ihre Folgen (Zukunft, Gegenwart und Vergangenheit) stets drängen und tilgen: die eine zur andern wird, und wieder der andern das Nachfolgen möglich macht, so hat sie nur Bestand im Wechsel: in dem Nacheinandererscheinen und Wiederverschwinden ihrer Folgen; denn die Zukunft ist ja nur, in sofern sie gegenwärtig wird, aber was kann die kaum gewordene Gegenwart fesseln und ihr Hinübergehen in die Vergangenheit verhindern? Das Zeitseyn überhaupt ist also nothwendig begründet in dem Wechsel ihrer Folgen, darin, daß die Zukunft stets in der Vergangenheit ihren Untergang findet. Den Uebergangspunkt stellt die Gegenwart dar, die dem Wechsel ihr Daseyn dankend, auch nur in sofern Bestand hat, als dieser Wechsel ein nie aufhörender, sondern ein beständig sich wiederholender ist.

§. 18.

Gerade so verhält es sich mit der Thierlebensform. Sie ist wie die Zeit nur wirklich im Wechsel, nur in sofern, als ihre Momente: Entstehen, Bestehen, Vergehen stets sind und wieder nicht sind, d. h. sich folgen durch Uebergehen in einander. So stellt das Leben sich wie die Zeit in einer Reihe von Verwandlungen dar, worin nichts wirklich ist, als eben der Wechsel, nichts gegenwärtig, als das zwischen dem Entstehen und Vergehen schwankende Bestehen. Dieß ist aber eben so wenig zu bannen, als die wahre Gegenwart, da das Bestehen, kaum gegenwärtig geworden, schon wieder ein Vergangenes ist. Es schwankt wie ein nie ruhender Punkt, zwischen dem Werden und Vergehen; ist in jedem Augenblick, und verschwindet, um wieder neu zu werden, und nur in sofern das Werden immer zu einem Gewordenen (Vergangenen) und dieß wieder zu einem Werdenden (Entstehenden — Zukünftigen) hinüber und herüber wandelt, ist das Bestehen als das untrennbare Mittelglied vorhanden. Das Thierleben ist demnach nur in sofern etwas, als seine Momente nicht aufhören zu vergehen und zu einander zu werden, was nothwendig ein gleichfalls nicht aufhörendes Wiederwerden und Wiederholen setzt. In jedem Augenblick zernichtet es sich um, in jedem, wie der Phönix aus der Asche neu zu erstehen. Nur das gleichmäßige Sichfolgen in diesem Werdungs- und Zernichtungsvorgang begründet hier den Schein einer einträchtigen Ruhe eben so, wie ein gleichförmig fließender Wasserstrahl eine stillstehende Wassersäule zu seyn scheint.

§. 19.

Abgesehen davon, daß es im Thierleben wirklich so ist (wie wir finden werden), so folgt es auch als nothwendig einmal aus der Zeitlichkeit des Thierlebens, und dann aus der Endlichkeit und irdischen Beschränktheit des Thiers selbst, daß es sich so damit verhalten müsse. Denn nur auf solche Weise kann es überhaupt sein irdisches Daseyn fortsetzen. Dieses Fortsetzen ist nehmlich nur möglich durch ein immer neues Setzen, ein immer Neuentstehen. Alles Bestehende im Thier ist nur ein solches durch stetes neues Entstehen, Erzeugen, was aber nicht möglich ist ohne gleichzeitiges Vergehen. Man denke sich ein Thier, das immer nur würde, fortwährend im Entstehen begriffen wäre, müßte es nicht darum schon zu den Unmöglichkeiten gehören, weil es die Mittel zu seinem fortwährenden Entstehen von Außen her zu nahmen genöthigt ist, die doch endlich einmal zu Ende gehen müssen, wovon das Zerfallen und Aufhören eines solchen Thiers nothwendige Folge ist? — Ein eben solcher Widerspruch liegt in der Annahme eines Thiers, das immer nur verginge: einmal muß es doch entstanden seyn!. — Werden und Vergehen sind demnach untrennbar, sind nothwendige, sich gegenseitig selbst erzeugende Begleiter: nur im Thierwerden ist das Seyn desselben gegründet, und nur im Vergehen des Thiers liegt der Grund zum neuen Werden! — Jede auch noch so eigenthümlich und auf gesonderte Weise sich ein Thier verwirklichende Lebensform trägt daher den Tod nothwendig in sich, ja hat nur Bestand, in sofern sie stirbt und sterbend wieder neu lebendig wird.

§. 20.

Eins der schönsten Ebenbilder der im Thierleben sich verwirklichenden Zeitlichkeit giebt das Feuer, giebt eine brennende Kerze. Obenhin betrachtet, befindet sich die Flamme in scheinbarer Ruhe, und doch ist sie eine der rast- und ruhlosesten Gestaltungen, die es giebt. Nur dem Wechsel des Seyns und Nichtseyns verdankt sie ihre Wirklichwerdung; nur ein unendlich viele Male sich wiederholendes Entstehen und Vergehen begründet ihr glänzendes Daseyn. In jedem Zeitabschnitt strömt ihr Nahrung (Oel) zu, um die erste Entflammung immer von neuem zu wiederholen, und in jedem Augenblick verlöscht sie, in Gas (in Kohlensäure, Wasserdampf) sich auflösend, was wieder ein neues Entflammen zur

Folge hat. Das Brennen der Kerze ist demnach im Grunde nichts weiter, als das, eine bestimmte Zeit hindurch sich wiederholende Entstehen von Flammen, die eben so schnell verschwinden, wie sie entstanden, und nur die Gleichmäßigkeit in diesem Auf- und Niedertauchen der Feuererscheinung giebt hier den Bestand und die scheinbare Ruhe.

§. 21.

Wie die Flamme, so das Thier in seiner Lebendigkeit. Ruhe, Stillstand, Beharren sind bei beiden nur Schein. Beide sind nur beständig in der Bestandlosigkeit, nur beharrlich in der Beharrungslosigkeit! — Ihr Bestehen ist ein stetes Folgen, ein Fließen. Neue Entstehungsmittel (Nahrung) strömen dem Thier fortwährend zu und erleiden die Umwandlung ins Thier, werden gleichsam die Vergegenwärtigung desselben, indeß das jünstvergangene Thier in demselben, ebenmäßigen Fluß wieder ausströmt. Im zuströmenden Entstehungsmittel ist die Möglichkeit zu seiner Bildung gegeben, die in der Fortbildung sich gestaltet; in dem ausströmenden Vergehungserzeugniß hat die Entbildung, die Zurückbildung statt gefunden. Zwischen dem Vorwärts und dem Rückwärts liegt also die wahre Bildung.

§. 22.

Diese Bildung ist aber nur wirklich, in sofern ihre Anfang- und Endpunkte immer in einander gehen, zu einander werden: daß das Fortbildungserzeugniß immer in das Rückbildungserzeugniß hinüberschlägt. Das zwischen beiden liegende Gebildete, Bestehende ist daher das Flüchtigste, Wandelbarste, was nur denkbar ist: es ist der untheilbare Augenblick, in welchem das im Entstehen begriffene Thier schon wieder zu einem vergehenden wird. Festzuhalten ist dieser Uebergang aber eben so wenig, wie die Gegenwart im Zeitlichen, die immer aus dem Ineinanderhandeln von Zukunft und Vergangenheit als ein Neugeschaffenes hervorgeht, aber eben so schnell vorüber schreitet, um einem Nochneuern zu weichen.

§. 23.

Dieß Verhältniß macht nur das Thier zu einem Abhängigen und kettet es durch doppelte Bande an die Außenwelt, einmal, in sofern es entsteht, und dann, in sofern es vergeht. Das Thier hat in sich nur die Möglichkeit, keineswegs aber die Wirklichkeit des Fortbestehens; das Vermögen dazu liegt in ihm, nicht aber die Mittel. Denn da es nur ist durch immer neues Werden, neues Entstehen, so muß es Mittel haben, in welchen es diese Neuwerdung verwirklicht. Diese kann es, da sie nicht in ihm liegen, auch nicht aus sich nehmen, sondern von einem Anderen; es ist also schon bei seinem ersten Entstehen auf ein Außerihm, auf die Außenwelt hingewiesen, wodurch das erste Entstehen und mit diesem alle andere Entstehungen als die nothwendigen Wiederholungen desselben, kurz die Fortbildung möglich gemacht wird.

§. 24.

Dieser Fortbildung, die als stete Selbsterzeugung zu bezeichnen ist, steht nun die Rückbildung als ein Gleichzeitiges gegenüber, die nichts weiter als eine Selbstzernichtung ist. Beim Fortbilden geht die Außenwelt in das Thier ein, wird zum Thier, beim Rückbilden findet das Entgegengesetzte statt: das Thier fließt wieder in die fremde Außenwelt zurück, wird zu derselben.

§. 25.

Hier findet demnach ein Austausch statt. Das durch die Rückbildung wieder zur Außenwelt werdende Thier (s. g. Auswurf) stellt die Sühnde für das der Außenwelt durchs Thier Entnommene und Geraubte dar.

§. 26.

Wäre dieser Austausch ein vollkommen gleichgewichtiger, d. h. empfinge das einmal entstandene Thier zur Fortbildung nicht mehr von der Außenwelt, als es ihr im Rückbildungserzeugniß wieder darreicht, so würde das, zwischen beiden schwebende, Bestehen nichts weiter, als die stete Wiederkehr des Alten, Ursprünglichen seyn und nichts Neues in die Erscheinung treten, also keine eigentliche Entwickelung Statt haben, wie es z. B. bei der bereits in anderer Rncksicht (§ 20.) betrachteten Flamme dec Fall ist, wo dem Zuströmen des Fortbildungmittels (Oel) ein gleichmäßiges und gleichwerthiges Ausströmen des Rückbildungerzeugnisses (Kohlensäure, Wasserdampf) gegenüber erfolgt. Die auf das Thier und seine Entstehungsweise bedeutend einwirkende Außenwelt gestattet aber keine solche gleichgewichtige Zu- und Abnahme, wie bei der Flamme. Das Thier widersteht den äußern, feindlichen Einwirkungen mehr als diese. Denn da es nur ist durch Selbstsucht, durch Tödten der Außenwelt, die es in sein eignes Selbst verwandelt, so begegnt es jedem ihm voa außenher entgegentretenden Feindlichen, nicht nur geistig, durch gegenwirkende Handlung: Selbstbehauptung (§. 3.), sondern auch leiblich durch widerstehende Bildung: Selbstbegrenzung (§. 3.), gerade so, wie in einem weit größern Maaßstabe der Planet der ihm feindlichen, seine Zernichtung begründen, ihn an sich reißen wollenden Einwirkung der Sonne entgegen ist, die geistig und leiblich in einem engeren Leben und mannichfaltigeren Entwicklung, namentlich in der Pflanzenwelt, sich ausspricht. Jeder Frühling und Sommer mit seiner Kraut- und Blumenpracht und all seinen vom Tode erstandenen Thieren, ist, seiner Entstehung nach, nichts weiter, als die, zu Pflanzen und Thieren verkörperte Nothwehr der sommerhabenden Planetenhälfte gegen die selbstsüchtig auf ihn einwirkende Sonne. Die mordlustige Sonne facht auf dem Planeten das engere Leben an, indem er sich ihr nicht ergeben will, sondern mächtig entgegen wirkt. So gebiert das Böse das Gute!

§. 27.

Denselben feindlichen Anforderungen ist nun das Thier bei seiner Urzeugung von außen her ausgesetzt. Widersteht es ihnen kräftig genug, so ist davon die Folge: höhere, vielfachere Entwickelung, längeres Bestehen; ist es zu schwach, so kann es sein Daseyn wie eine schlecht genährte Flamme nur einige Male wiederholen, und muß dann wie diese den Rückweg antreten und verlöschen.

§. 28.

Alles hier vom Thier Gesagte hat ganz allgemeine Gültigkeit, und gilt zunächst vom Urthier (der Grundlage des ganzen Thierreichs, wie wir später sehen werden). Dieses Urthier ist der von allem fremden gesonderte Begriff des Thiers. Das Urthier wird nie wirklich, sondern nur das aus Urthieren bestehende Thier. Es setzt sich zweifach, dreifach, mehrfach und vielfach, und erscheint so als wirkliches Thier, dessen Bestandformen Thiere (Urthiere) sind.

§. 29.

Der Grund dieser Vervielfachung und Wiederholung, der ursprünglichen Thiergrundlage in einem bestimmten Thier ist nun, wie schon gesagt (§. 26.), ein äußerer, und liegt in denjenigen Verhältnissen, denen das Urthier überhaupt seine Entstehung verdankt, nehmlich in dem Gegensatz von Sonne und Erde. Ein Gegensatz, der von der Sonne her sich als Licht und Wärme bethätigt und als Luft verleiblicht hat; von der Erde her sich dagegen in dem Wirken von Finsterniß und Kälte und ihrer zum Irdreich (Mineralreich) verkörperten Erscheinung sich darstellt. Das Wasser bildet sowohl leiblich als auch geistig das Mittelglied.

§. 30.

Aus dem Ineinanderwirken dieser Kräfte und ihrer Verleiblichungen entsteht aber noch kein Urthier, geschweige denn seine mehrfache Entwicklung, Wiederholung zum Thier selbst. Das Mineral ist noch zu starr, zu schwer beweglich, seine Lebendigkeit liegt noch zu sehr in der erdigen Masse gefesselt, als daß durch Sonneneinwirkung geradezu das Thier entstehen könnte. Das Irdreich muß erst eine Umwandlung erleiden, eine Metamorphose durchlaufen, um als Thierreich aufzutreten, wo die irdige Beharrlichkeit des Stoffs in die wechselnde Lebendigkeit aufgenommen und von dieser getragen wird.

§. 31.

Diesen Durchgangspunkt für die Thierzeugung bildet die Pflanze. Wie die Pflanze noch jetzt das Irdreich dem Thier zugänglich macht, wie sie durch die Aneignung und Verwaudlung des Irdreichs in ihren pflänzlichen Leib dasselbe dem Thier jetzt noch gleichsam vorkauet, so setzte in der Urzeit die Thierentstehung das Schonvorhandenseyn der Pflanzen voraus; wie denn auch erweislich das Irdreich als die Pflanzenmutter bei weitem die Pflanzen an Menge und Masse übertrifft. Ein

Ver-

Verhältniß, das zwischen Pflanzen und Thieren, und Thieren und Menschen nothwendig wiederkehren muß. Vom Höheren, Edleren, was das Niedere als daseyend voraussetzt, kann immer nur eine geringere Menge sich hervorbilden; eben weil das Frühere hier das Bildungsmittel darreichen mußte.

§. 32.

Die Pflanze steht auch wirklich zwischen dem irdigen Krystall und dem Thier mitten inne. Wenn der Krystall noch fast ganz dem Planetaren angehört und durch dessen Lebensäußerungen: Finsterniß, Kälte, Magnetismus, vorzugsweise bestimmt wird, und er somit eine planetare Einheit genannt werden kann, so ist dagegen die Pflanze ein Krystall, in welchem die Entzweiung zu einem Erd- und Sonnenorganismus wirklich geworden. Sie ist nicht so gefesselt wie der Krystall, aber nicht so frei wie das Thier. Durch die Anheftung an den Boden einerseits, durch die Frucht- und Samenentwickelung andererseits, ist sie dem Planeten unterthan; dagegen entäußerte sie sich seiner Herrschaft in der Stengel-, Laub- und Blütenbildung. Beim Thier ist diese örtliche Fesselung durch die Ortsbewegung, Willkühr ganz besiegt. Es ist eine Pflanze die frei umher läuft, oder doch freithätig sich bewegt. Was erst durch die Entwicklung eines neuen, in der Pflanze noch nicht vorhandenen, nehmlich des der Bewegung dienenden, Organismus erreicht wird. Hiedurch erscheint das Thier als eine entzweiete Pflanze. Eine Entzweiung, die wie bei dem, zur Pflanze entzweieten, Krystall durch Sonneneinwirkung, durch Einbildung derselben ins Thier, wirklich wird. Doch möge dieß hier genug seyn, da die ausführlichere Entwickelung dieses Gegenstandes in die Thierzeugungsgeschichte gehört.

§. 33.

Wenn nun gleich (wie oben §. 29. bemerkt), der Grund der Vervielfachung und Wiederholung der ursprünglichen Thierbasis (Urthier) ein äußerer ist, der in der, dem Thier feindlichen, Außenwelt gesucht werden muß, so wird doch die Möglichkeit hiezu durch das Urthier selbst begründet, indem diese in seinem Vergehen, seinem Sterben gegeben ist. Das Urthier erscheint nehmlich, wie alles Irdische in Raum und Zeit: es hat nur Bestand in dem Wechsel des Werdens und Vergehens, in dem Stetseinanderfolgen seiner Lebensmomente, und tritt dadurch als das wirkliche Thier auf, daß das Vergehungs- oder Rückbildungserzeugniß sich eigenthümlich, thierisch gestaltet und mit dem Urthier verbunden bleibt, so, daß nun statt des einfachen Thiers schon ein Doppeltes wirklich wird. Auch dieses hat nur Bestand, in sofern es in steter Selbsterzeugung begriffen ist, der nothwendig, eben so wie beim Urthier, die Selbstzernichtung, das Wiedervergehen des Ebenentstandenen zur Seite steht, wodurch einem dritten Thier die Gelegenheitsursache zur Entstehung ertheilt wird, und so fort. Denn es wird sich im Folgenden zeigen, daß jedes wirkliche Thier, und zwar nothwendig, aus Thieren bestehe, die auseinander hervorwachsen und durch einander leben und sind, eben so wie die Pflanze aus Pflanzen bestehend gedacht werden muß.

§. 34.

Die Verwirklichung des Urthiers als Thier liegt demnach in zweierlei:

1) in ihm selbst, in sofern es nur sein Daseyn fortsetzen kann durch stetes neues Setzen, neues Erzeugen, wodurch nothwendig Rückbildungserzeugnisse entstehen, die nun vorzugsweise

2) durch inneren und äußeren Einfluß sich selbstständig thierisch begrenzen (gestalten); durch äußeren gleichsam aus Nothwehr, um nicht die Beute der vergasenden Luft, des verflüssigenden Wassers und des vergeistigenden Lichts zu werden. Einflüsse, die das entstandene Thier in sich aufgenommen, gezügelt, kurz thierisch gemacht hat.

§. 35.

Wir wenden uns jetzt zum Besondern, und verleihen dem Allgemeinen die besonderen physiologischen Ausdrücke. Hienach erscheinen uns die drei betrachteten Lebensmomente (§. 15.) als drei Lebensverrichtungen des Thiers (Functiones).

Das Lebensmoment des Entstehens oder Werdens wird durch das Aufnehmen der Außendinge behufs der Fortbildung zur Lebensverrichtung, und heißt Fressen. Das Fressen ist die thierisch lebendig gewordene Zukunft.

Das, diesem gegenüberstehende, Lebensmoment des Vergehens wird durch das Entbilden und Wiederverflüssigen des Thierleibes behufs der Rückbildung zur Lebensverrichtung, und heißt Kothen *). Das Kothen ist die thierisch lebendig gewordene Vergangenheit.

Und endlich wird das zwischen beiden Endpunkten als Vermittelndes schwankende, und durch ihr stetes Ineinandergehen wirklich werdende Lebensmoment des Bestehens durch das Bilden und Beharrlichen des Thierleibes behufs seines Daseyns zu einer Lebensverrichtung, die Ernähren heißt. Das Ernähren ist

*) Abgeleitet von Koth, wie Speisen von Speise, Fressen von Fraß, oder umgekehrt.

die thierisch lebendig gewordene Gegenwart.

§. 36.

Wie aber überall, wo Thätigkeiten auftreten, dieselben sich auch leiblich, körperlich verwirklichen müssen, oder überhaupt nur sind, in sofern sie sich verleiblichen; so haben auch diese drei Lebensverrichtungen ihr Räumliches, ihre Verkörperung zu „Organen" gefunden:

a) Die Freßverrichtung hat sich verkörpert im Maul des Thiers.

b) Die Kothverrichtung im After, und endlich

c) Die Ernährverrichtung im ganzen gegenwärtigen Leib.

Das Maul, dessen Beseelung Fressen heißt, ist demnach die leiblich dargestellte Zukunft des Thiers (macht sein Fortbilden möglich).

Der After, dessen Beseelung Kothen heißt, ist die organisirte Vergangenheit des Thiers (verwirklicht die Statt gehabte Rückbildung).

Der Leib, dessen Beseelung Ernähren heißt, ist die thierisch verkörperte Gegenwart.

Anmerk. Es versteht sich, daß, da das Urthier nichts Wirkliches ist, sondern als Wirklicherscheinendes aus Thieren bestehend gedacht werden muß, auch diese Organe in demselben nicht wirklich geworden sind, daher denn das Thier, bei welchem sie erscheinen, mag es auch noch so einfach seyn, als ein aus mehreren zur Einheit verbundenen (Ur-) Thieren bestehend, betrachtet werden muß.

§. 37.

Diese drei Organisationen sind aber nothwendig, wie ihre Beseelungen, deren räumliche Verwirklichungen sie sind, in- und durcheinander, und keineswegs zu trennen. Denn wenn das Thier überhaupt nur lebt, in sofern es wird und vergeht, oder physiologisch ausgedrückt, in sofern es frißt und kothet, so ist es auch nur, so hat es auch nur einen Leib, in sofern es Maul und After hat. Nicht mehr, aber auch nicht weniger giebt es im Thier. Ihr gegenseitiges räumliches Durchdringen bildet den Thierleib, wie das gegenseitige geistige Durchdringen, das Ineinanderhandeln von Entstehen und Vergehen, von Fressen und Kothen, das Thierleben erzeugt.

§. 38.

Der Thierleib liegt also gerade so zwischen Maul und After, als das Thierleben zwischen Werden und Vergehen, so daß der Leib nichts anderes ist, als die Einheit, die Synthese von Maul und After. Der Leib besteht, ist nur, in sofern das Maul immer zum After wird, eben so, wie das Thierleben nur ist, in sofern Werden immer zum Vergehen, Fressen immer zum Kothen wird. Ueberall sind daher Maul und After im Leibe vorhanden, eben weil es nichts anderes giebt, als diese. Das Maul ist der vorzugsweise fressende, der After der vorzugsweise kothende Leib. Nach bestimmten Richtungen hin ist ihre Ausbildung vorwaltender, und dadurch sie selbst sichtbarer hervortretend geworden, eben so wie beim Krystall, dessen äußerlich scheinbar getrennt sich abgrenzende Flächen dennoch im Innern desselben überall anzutreffen sind.

§. 39.

Diese Einsicht von der Dreiheit in der Einheit und der Einheit in der Dreiheit der Thierlebens- und Thierstoffform führt uns nun zu einer durchgreifenden Definition ihrer Wissenschaften. Da Wissenschaft überhaupt nur die Vermenschlichung oder menschlich geistige Wiederzeugung und Wiedergeburt (Bewußtwerdung) eines Gegenstandes ist und seyn kann, so kommen auch bei der

Entstehung des Wissens vom Thier seine beiden Daseynsweisen zur bewußten Vermenschlichung, werden ihrem ganzen Inhalt nach angeschaut. Da dieser Inhalt nur ein durch den Wechsel und die Flüchtigkeit wirklicher und bestehender ist, so ist der Wechsel dieses Angeschauete; und die Wissenschaft der Thierlebensform (Zoobiologie, Physiologie) ist nichts weiter, als die Lehre von der unaufhörlichen Verwandlung des Fressens in das Kothen (oder des Entstehens ins Vergehen), und die Wissenschaft der Thierstoffform (Zoostöchiologie, Zoochemie) die Lehre von der unaufhörlichen Verwandlung des Mauls in den After. Daß hiemit die ganze Wesenheit beider Wissenschaften aufs Strengste ausgesprochen sey, wird der Verfolg dieser Untersuchungen und Erörterungen genugsam zeigen, daher wir uns vorgreifende Urtheile über diese beiden Definitionen ganz gehorsamst verbitten. (Besonders möge man erst das bei der Entwicklungsgeschichte des arteriellen und venösen Systems und des Darmkanals Gesagte beherzigen, ehe man urtheilt).

§. 40.

Hiedurch sind wir nun unwillkührlich von der Thierlebensform aus zur räumlichen Verleiblichung derselben gelangt; Beweis genug, wie diese der Zeit und dem Raum entsprechenden Erscheinungsweisen des Thiers sich zur organischen Einheit durchdringen, oder vielmehr ursprünglich einerlei (identisch) sind, und nur im Selbstbewußtseynsakt des schauenden Forschers, der einmal das Thier der wechselnden Zeitlichkeit nach, ein andermal der beharrenden Räumlichkeit nach auffaßt, zu dieser Entzweiung gelangen, die dem Wesen und der Entstehung nach im Durcheinander, keineswegs aber im Nebeneinander erscheinend gedacht werden dürfen.

Denn da dasjenige im Thier nur beharret und Bestand hat, was immerfort wird, und kaum geworden, wieder vergeht, so ist die räumliche, beharrende Stoffform des Thiers (die uns als Organengebilde erscheint) das Erzeugniß seiner, nur im Wechsel, im steten Nacheinanderfolgen der Lebensmomente, wirklichen und daseyenden Lebensform; so daß der Lebenswechsel erst dem Thier den Stoffbestand verleiht, ja ihn erst erzeugt, und unser früherer Ausspruch: daß das Thier nur Bestand habe in der Bestandlosigkeit (§. 21.), sein Widersprechendes verliert.

§. 41.

Diesemnach erscheint uns der Thierleib als das Erzeugniß des Thierlebens. Das Leben (oder die „Seele" kann man mit dem großen Stahl sagen) bauet sich seinen Leib selbst; nur nicht wie der Baumeister und seine Gesellen das Haus, oder, wie der Bildner sein Modell formen aus einem Aeußeren, ihnen Fremdem, mit Freiheit und Willkühr, sondern aus dem inneren Selbst heraus mit Nothwendigkeit. Das Leben kann sich gar nicht verwirklichen, ohne nicht zugleich leiblich zu werden. Denn seine Verwirklichung ist nur möglich durch das stete Ineinandergehen oder Ineinanderhandeln seiner Momente, oder durch das immerwährende Folgen von Entstehen und Vergehen. Da nun das Bestehen zwischen diesen beiden Momenten liegt, und das Leibliche, Körperliche des Thiers eben dieses Bestehende, scheinbar Beharrende ist (§. 40.), so wird der Thierleib nothwendig durch das Thierleben erzeugt, oder richtiger gesprochen, der Thierleib ist das Gleichzeitige des sich verwirklichenden Thierlebens.

§. 42.

In dieser Darstellung ist die dynamische mit der atomistischen Ansicht zu einer Einheit verschmolzen; jeder von ihnen wiederfährt ihr Recht. — Der Dynamiker leugnet dem Atomistiker die Präexistenz der Materie, da er sich mächtig genug fühlt, sich dieselbe aus der Einigung zweier entgegengesetzter Kräfte (vis attractiva und repulsiva) zu erschaffen. Der Atomistiker leugnet die Präexistenz der Kräfte, er läßt sie, ohne nachzuweisen, woher, erst zu der schon fertigen Materie hinzukommen. Beide Behauptungen sind wahr und nicht wahr, je nachdem man sie einigt oder trennt. Die Materie entsteht nicht durch Einigung der Kräfte (des Zeitlichen, Handelnden) sondern die Kräfte selbst werden zur Materie (beständig, beharrlich) durch ihr eignes Ineinanderhandeln, und eben so sind die Kräfte in der Wirklichkeit weder früher als die Materie, noch getrennt von derselben; denn die Kräfte können sich nur verwirklichen in der Folge von Kraftäußerungen, und diese Folge ist eben das Stetige, Beständige, Bleibende, ist die Materie.

§. 43.

Setzen wir nun die Kräfte = Zeit, die nur im Nacheinander von Thätigkeitsakten denkbar ist (§. 11. 13.), die Materie = Raum, der nur im Nebeneinander von Beständen schau- und tastbar ist, so erhalten wir ein Abbild der Allgemeinheit in der Besonderheit unsers Weltsystems, und so wird die Zeit das Zeugende des Raums, wenn gleich beide als wirkliche, erscheinende Formen des Daseyns sich nothwendig fordern, und die eine nicht ohne die andere vorhanden seyn kann. Dennoch trennen wir sie; wir nennen das Wechselnde das Zeitliche, das Beharrende das Räumliche, was auch ganz richtig ist, wenn man nur nicht übersieht, daß der Wechsel, die Folge, nothwendige Bedingung des Beharrlichen ist. Man kann daher sagen, daß die Zeit den Raum schaffe, weil sie selbst nur Zeit ist, indem sie zu Raum wird, zur Beständigkeit kommt. Nichts ist aber beständig in der Zeit, als die stete Wiederkehr der Gegenwart, die im nie aufhörenden Zusammenfluß von Zukunft und Vergangenheit wird. Daher kann das Gegenwärtige der Zeit auch nur das Räumliche in derselben seyn, und es kann weder eine Zukunft, noch eine Vergangenheit des Raums geben. Denn die Zukunft ist der noch nicht wirklich gewordene Raum, und die Vergangenheit ist der schon wieder entschwundene, vergangene. Beide sind, als das den Wechsel Begründende, der Zeit angehörig, oder vielmehr die Zeit selbst. — Um das Gesagte mit einem Blick aufzufassen, möge folgendes Schema hier stehen.

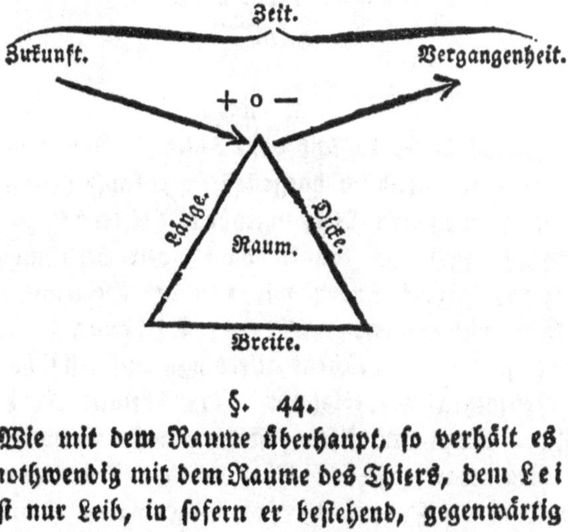

§. 44.

Wie mit dem Raume überhaupt, so verhält es sich nun nothwendig mit dem Raume des Thiers, dem Leibe. Er ist nur Leib, in sofern er bestehend, gegenwärtig ist. Der wirkliche Leib kann weder in der Zukunft noch in der Vergangenheit als wirklich daseyend betrachtet werden. Im Entstehen ist das Werden, also das Nochnichtseyn, im Vergehen das Gewesen-, also das Nichtmehrseyn des Leibes, folglich in beiden sein Zeitliches, seine Lebensseiten ausgedrückt. Sonach steht der Leib eben so in und zwischen den Lebensmomenten, wie der Raum in und zwischen den Zeitfolgen; wie es folgendes Schema veranschaulicht.

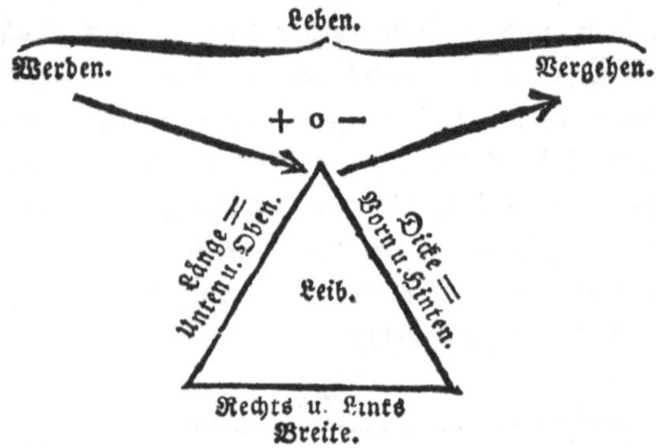

§. 45.

Da es dieser Ansicht vom Thierleibe widersprechend ist, von einer „leiblich dargestellten Zukunft (Maul) und „einer organisirten Vergangenheit (After)" zu reden (vergl. §. 35.), so können diese, nur beziehungsweise richtigen, Bezeichnungen nur von der Dreieinigkeit des wirklich erschienenen, aus (Ur-) Thieren bestehenden Leibes gelten, in welchem allerdings auf leibliche Weise die Zeitfolgen wiederkehren. Das relativ Mittlere zwischen Maul und After ist die reinste Verwirklichung der Gegenwart dieses Thiers; das Vordere (das Maul) ist die Zukunft dieser Gegenwart, und endlich das Hintere (der After) die Vergangenheit dieser

Gegenwart. Dennoch aber sind Vorderes und Hinteres (Maul und After) jedes für sich als Thiere zu denken (Organe), denen dieselben drei Momente wesentlich zukommen; so daß hier, wie überall, in der Wirklichkeit, jeder Ausspruch nur beziehungsweise Gültigkeit hat.

§. 46.

Durch diese Resultate unsers folgerechten Schließens sind wir nun ins eigentliche Gebiet der Thierwissenschaft gedrungen, und wir hoffen uns nun auch in demselben zu behaupten, da wir jetzt Alles haben, was uns zur näheren Kenntniß des wirklichen Thiers und zur Erzeugung der Wissenschaft desselben erforderlich ist. — Es ist schon oft gesagt, daß die Natur mit Wenigem Alles zu machen verstehe, daß ihr Weg, etwas zu vollbringen, stets der einfachste und geradeste sey. Hier kann man die schönste Bestätigung dieses Ausspruchs erfahren, da sich zeigen wird, daß alle scheinbar noch so verschiedenen Lebensverrichtungen im wirklichen Thiere sich auf die, bereits dem Urthier als wesentlich zukommend erkannten, nehmlich: des Fressens, Ernährens und Kothens zurückführen lassen, und daß alle scheinbar noch so verschiedenen Organe im wirklichen Thiere nichts als die Wiederholungen der im Urthier noch zur Einheit verschmolzenen Dreiheit von Maul, Leib und After seyen; dergestalt, daß, wie schon oben gesagt, das wirkliche (zusammengesetzte) Thier in seinen, dem Aeußeren nach verschiedendsten Organen, stets dem Wesen nach dasselbe, nehmlich die (mehrfache) Wiederholung des Urthiers mit seinen drei Verrichtungen und ihren drei Verleiblichungen darstellt, nur auf verschiedener Stufe der Entwickelung. — Nur eine Einsicht solcher Art vom Thierleibe und seinem Leben kann der Wissenschaft wahren Gehalt, und dem Forschergeist wahre Befriedigung geben.

§. 47.

Die organische Grundlage jedes Thiers, selbst des Menschen, wäre sonach eine einfache Dreiheit von Lebensverrichtungen und Gestaltungen, wie sie sich uns in der Idee des Urthiers als nothwendig aufdrängten, und alles Uebrige nur die Wiederholung dieser Dreiheit, so daß ein jedes noch so geringfügige Organ im Thier sich als ein selbstständiges, in sich geschlossenes Ganze, als ein Thier im Thier geltend macht, welches mit anderen, gleichfalls selbstische Thiere darstellenden, Organen durch innige organische Bande verknüpft, einen höheren, zusammengesetzten Organismus bildet, der folglich als ein, aus mehreren kleineren Thieren zusammengewachsenes, größeres Thier anzusehen ist.

§. 48.

Es mag allerdings, auf den ersten Blick hin, sonderbar erscheinen, wenn wir hier schon von vornherein den Satz aufstellen, daß alle Vorgänge im Thier (selbst die Sinn- und Geistesverrichtungen in dem höheren) zurückzuführen oder viel begründet seyen

1) in der Verwirklichung des Fortbildungsstrebens, im Fressen;
2) in der des Fortbestehungsstrebens, im Ernähren; und endlich
3) in dem diesen beiden Bestrebungen nothwendig gegenüberstehenden Vorgang des Wiederaufgelöst- und Zerstörtwerdens, im Kothen;

ja es mag lächerlich klingen, in den höhern Geistesthätigkeiten so etwas nur ahnen zu wollen, wenn man über die Form das Wesen vergißt, und wie gewöhnlich die

Erscheinungen nur nach dem Schein beurtheilt. Wir befinden uns hier, durch die vorangegangenen Untersuchungen, schon in einem günstigeren Fall, da uns der aus den Tiefen des Thierlebens selbst entgegengekommene Grundsatz Leitstern genug ist, um über die Form nicht das Wesen zu verkennen, und über die Einerleiheit in der Bedeutung nicht die Verschiedenheit im Eigenthümlichen zu übersehen. — In dieser Beruhigung gehen wir nun ungehindert weiter, wozu uns noch das überall, wohin man auch nur forschend blicken mag, sich bewährende Gesetz ermuthigt, daß so mannichfach und verschiedenartig uns die Natur auch in ihren Erzeugnissen erscheinen mag, dieselbe dennoch dem Wesen nach nichts Neues erzeuge und darstelle, sondern immer nur das Alte, Frühere, das nur darum, weil es unter anderen Umständen und Verhältnissen sich wiederholt, ein Ganzneues, Nochnichtdagewesenes zu seyn scheint.

§. 49.

Von einer solchen Wiederkehr des Frühern, Ursprünglichen, im Spätern, Nachfolgenden, nur unter anderen Umständen und folglich auch in anderer Form, liefert die Pflanze den schönsten Beweis, deren 4 Hauptbestandformen (Kraut, Blüte, Frucht und Samen) dem Wesen nach nichts weiter, als die Wiederholungen von einander sind, wie wir das schon früher *) durch die Deutung und Gegeneinanderstellung ihrer Bildungsformen klar zu machen suchten; die hiedurch sammt und sonders als selbstständige, in sich fertige, Pflanzen erschienen, die auseinander sprossen und aufeinander wachsen, so, daß also eine völlig entwickelte Pflanze sich uns als eine vielfache, durch organische Bande zusam-

*) 2te Lieferung neuester phytochemischer Entdeckungen. Bei G. Reimer. „Metamorphose der Pflanze."

mengehaltene Vereinigung von Pflanzen darstellt. Ein Verhältniß, das wir noch klarer und bestimmter an einem anderen Ort *) auseinandergesetzt haben.

§. 50.

Dasselbe finden wir nun auch beim Thier, das nur eine höher entwickelte Pflanze ist (§. 32.). Es besteht aus Thieren (Organen), die wieder aus Thieren (Bildungstheilen der Organe) bestehen, und so fort. Je mehr Thiere sich zu einem Thier vereinigt haben, desto zusammengesetzter ist dasselbe, aber auch desto höher steht es, so daß der Mensch als das höchste Thier auch das organenreichste seyn muß.

§. 51.

Daß, abgesehen von jeder anderweitigen Veredelung, die Menge der Bestandformen (Organe) den Adel giebt, kann man schon an den Pflanzen gewahren. Die niedersten Pflanzen sind bloße Wurzel: Staub- und Keimpilze. Kommt zu dieser Wurzel ein Stengel, so ist schon etwas Höheres da: Fadenpilze. Entwickelt sich auch Laub, so ist ein Nochzusammengesetzteres, Höheres entstanden: Flechten, Moose; Formen, die nun, wenn Blüte, Frucht und Same sich vollständig ausbilden, ihrer höchsten Vollendung entgegengehen.

§. 52.

Ist nun das Thier ein aus Thieren Bestehendes, ein aus verschiedenen Thieren zu einem Ganzen Vereinigtes; so fragt es sich, wie diese Vereinigung zu denken sey, wie sie zu Stande komme, und wie es überhaupt möglich sey, daß eine Anzahl von Thieren sich zu einem so schönen, einklingenden Ganzen, wie es

*) 3te Lieferung neuester phytochemischer Entdeckungen (die bald erscheint).

z. B. der Menschenorganismus ist, verbinden können, ohne sich gegenseitig aufzuzehren und zu zernichten? — Was überhaupt bestimmt diese (Organen-) Thiere, sich so zu lagern, so aneinander zu fügen, daß jener Einklang des Lebens und des leiblichen Seyns, wie wir ihn in jedem Thier bewundern, dabei bestehen kann, oder vielmehr daraus hervorgeht?

§. 53.

Die gewöhnliche Physiologie konnte bisher diese Fragen nicht beantworten, ja sie kam nicht einmal dazu, sich dieselben im Ernst aufzuwerfen, da sie sich meist mit mechanischen, und wo diese nicht ausreichten, teleologischen Erklärungsarten begnügte. — Es ist nicht zu leugnen, daß derjenige, der mehr fühlend als denkend das lebendige Ineinandergreifen, das Füreinanderarbeiten und Thätigseyn der Organe, wie es dem Schein nach geschieht, betrachtet, hier das Gleichbedeutende einer selbstbewußten Fürsorge zu erblicken vermeint. Wie emsig arbeiten nicht Darm, Lunge und Leber für das körperliche Wohl des ganzen Leibes. Der Darm macht die Speisen und den Trank, durch das arterielle Blut der Lunge und die Galle der Leber darin unterstützt, zur aneignungsfähigen Nahrung. Die Lunge nimmt das für die übrigen Gebilde (Organe) des Leibs „unbrauchbar gewordene venöse Blut" und giebt es ihnen als arterielles wieder zurück. Die Leber befreiet den Darm von seinem venösen Blut (durch das in dieselbe eingehende Pfortadersystem) und reicht ihm dafür die zur Verdauung nothwendige Galle dar. So faßt der gemüthliche Mensch diese Verhältnisse auf und nicht ganz mit Unrecht; denn können sich bewußte Wesen besser in die Hände arbeiten, als diese? Der denkende, wissenschaftliche Forscher nimmt aber diese Aussprüche nur für das, was sie sind: für Beschreibungen, nicht aber für Erklärungen dieser Lebensvorgänge. Er geht weiter. Er fragt: warum thut der Magen das? Was bestimmt ihn dazu, so unermüdet für die anderen Organe thätig zu seyn? Wie gelangt die Lunge zu der Einsicht, daß arterielles Blut den Gebilden des Organismus nütze, venöses ihm schade, daher sie ihnen dieses nimmt, jenes darreicht? Und endlich, wie kommt das Herz dazu, in nie ruhender Beweglichkeit einmal den Blutvertreiber und Vertheiler, dann den Blutsammler abzugeben? — Fragen, die durch keine Beschwörungsworte, wie Psyche, Archaeus, Lebenskraft, Bildungstrieb, Erregbarkeit, Reizbarkeit, Instinkt rc., die immer nur einseitig, die eine Thiererscheinungsweise, die lebendige, thätige, gleichsam symbolisch bezeichnen, keineswegs gelöst worden, noch werden. Hier müssen beide Erscheinungsweisen des Thiers, die zeitlich-lebendige wie die räumlich-stoffige, im innigsten Verein der Grund der Erklärung werden, eben weil das Thier uns bereits als die Einheit beider erschienen ist, und auch nicht anders erscheinen kann.

§. 54.

Wenn die Lunge wirklich mit Vorbedacht für die Gebilde des Leibes thätig wäre, um ihnen gelueftetes (arterielles) Blut darzureichen, und der Darm mit gleicher Fürsorge aus Speise und Trank das Ernährende für jene bereitete, und wenn die Leber sich zwischen Darm und Lunge hingestellt hätte, um für ersteren das Adjuvans der Speisenverdauung in der Galle zu erzeugen, für letztere das Darmvenenblut auf eigenthümliche Weise umzuwandeln, so wäre bloß eine Selbstverleugnung, der sich der Mensch wahrlich nicht zu schämen hätte. Ist aber hier, wo das Wissen um das Selbst,

das

das Selbstbewußtseyn gänzlich fehlt, wohl so etwas denkbar? Giebt es nicht andere Triebfedern, wodurch dieser Einklang der Organe, den wir mit Recht bewundern, möglich wird? Kann denn nicht aus dem Gegensatz der Selbstverleugnung, der **Selbstsucht**, die uns, als in der bewußtlosen Natur ursprünglich heimisch, überall auf besondere Weise entgegentritt, so daß wir eigentlich allenthalben in Lebensgefahr uns befinden, so etwas hervorgehen? Kann dieses Grundgesetz der großen Welt nicht auch als Grundgesetz der kleinen Welt des Thier- und Menschenorganismus wiederkehren? Kann nicht statt Willkühr und Freiheit der Handlungen, die die Teleologie hier doch stillschweigend zur Erklärung annimmt, vielmehr **innere Nothwendigkeit** das seyn, was die verschiedenen Organe des Thierleibes aneinander fesselte?

§. 55.

Dieß ist nun wirklich der Fall. Es wird sich im Verfolg unserer Untersuchung aufs deutlichste bewähren, daß die bloße, selbstsüchtige Eigenliebe, der krasseste Egoismus das geistige Band der Organe sey, daß kein Organ etwas für ein anderes thue, sondern überhaupt nur für sich sorge, nur um seines eignen Selbst willen da sey, und das Bestehen der andern Organe durch dasselbe keineswegs aus Absicht, sondern eigentlich nur aus Zufall geschehe und erfolge. Daß kein Organ etwas thue, wovon es nicht selbst den Hauptnutzen habe, daß das Abarbeiten des Herzens behufs des s. g. Blutlaufs nur ein **scheinbarer** sey, und daß es sich desselben nur um seines eignen Daseyns willen unterziehe; daß der Darm im Dauungsprozeß nur seine eigene Ernährung und nichts weiter bezwecke, und eben so die Lunge nur Luft und venöses Blut athme und sauge.

um Lunge zu bleiben, nicht aber um zu oxydiren oder zu dehydrogenisiren und zu decarbonisiren, kurz, daß in jedem organischen Vorgang sich eine verkörperte Selbstsucht und nichts weiter verwirklicht habe.

§. 56.

Wie wird nun aus solcher Anarchie die organische Harmonie? Wodurch wird aus dem selbstsüchtigen Treiben jedes einzelnen Organs deren Ineinandergreifen möglich, in welchem sie sich doch offenbar Zweck und gegenseitig auch Mittel sind, wenn gleich Letzteres ohne ihr eigenes Wissen und Wollen? Dadurch, daß eins sich von dem Kothe des andern ernährt! — „Ein unsauberes Bild!" aber nur dem unsauberen Menschen! Dem Reinen ist alles rein! — Lebt nicht auch die Pflanze vom Koth, vom Dünger, und ist nicht die Dammerde größtentheils zusammengesetzt aus pflänzlichen und thierischen Abfällen? Leben nicht selbst eine Menge Thiere, namentlich Kerfe (Insekten) von dem Koth der höhern Thiere, den sie einzig zu ihrer Nahrung wählen? So verhält es sich nun auch mit den Organen (Thieren) des Thierorganismus, nur mit dem Unterschied, daß sie auch räumlich vereinigt, zusammengewachsen sind, und ihnen solchergestalt der ebengezeugte, frische Koth zufließt; denn jedes Gefäß, jede Drüse, jedes Geweid, kurz jedes Organ ist ein Thier im Thier, das mit seinem Maule an den After eines anderen angewachsen ist, und dessen Koth zu seiner Ernährung auffängt, und selbst wieder kothend Nährstoff für ein anderes, auf ähnliche Weise mit ihm verbundenes Thier erzeugt.

§. 57.

Durch die richtige Erkennung dieses Verhältnisses, das die stoffige und lebendige Seite der Thierorgane in der innigsten Einigung ausdrückt, wird nun der schöne Einklang, der sich im Ganzen darstellt, begreiflich werden. Die verschiedenen Organe bilden, befestigen, erhalten auf solche Weise einen höheren Organismus, ohne selbst zu wissen Wie? Ein jedes ist nur selbstisch, für sich thätig, sorgt nur für sich, ernährt nur sich, unbekümmert, was das Nebenihmdaseyende beginne. Aber vermöge der Endlichkeit seines überhauptlichen, irdischen Seyns wird es wider sein Wissen und Wollen das Mittel zur Erhaltung anderer Organe. Es kann nehmlich nicht immerfort fressen, wachsen und sich fortbilden (§. 18. f.), es muß gleichzeitig auch wieder entwachsen, vergehen, was im Kothen wirklich wird (§. 35.), dessen Erzeugniß der Koth oder Auswurf ist, den es, unbekümmert, wohin er fließe, von sich läßt. Von diesem Koth ernährt sich nun ein anderes Organ, das aber nothwendig wieder kothet, und durch diese Lebensverrichtung einem dritten Organ absichtlos und unwillkührlich das Fortbildungsmittel bereitet. Hiedurch stehen nun die Organe des Thierorganismus in einem solchen nothwendigen Verhältniß, wie dem Fortbilden und Fressen das Rückbilden und Kothen nothwendig gegenüber steht. Sie sind organisch-genetisch mit einander verbunden. Das Vergehungserzeugniß, der Koth eines Organenthiers, ist das Neuwerdungs- und Bestehungsmittel eines anderen.

§. 58.

Denkt man sich eine Reihe von Thieren, A. B. C. ... die frei im Wasser schwimmen, aber so abhängig von einander sind, daß eins nur von dem Koth des anderen leben kann, B nur vom A-Koth (= a), C nur vom B-Koth (= b) u. s. w., so werden sie stets einander begleiten oder vielmehr dergestalt folgen, daß B mit seinem Maul stets in der Nähe des Afters von A, und C mit dem seinigen in der Nähe des Afters von B sich befindet, um ungesäumt den herabfallenden Koth aufzufangen und zu verschlingen; und läßt man endlich, wie es doch nicht unmöglich ist, diese momentane organische Beziehung zwischen dem Maul und dem After der Thiere zu einer continuirlichen werden, so daß A immerfort kothet und B immerfort frißt, und eben so B und C, so ist klar, daß B sich mit seinem Maul nie von dem After des A, und eben so C mit dem seinigen nie von dem des B entfernen werde, und sie solchergestalt zusammenwachsen und ein Thierganzes darstellen werden. Und somit hat man ein Bild von der Verbindungsweise verschiedener Thiere zu einem einigen Organismus.

§. 59.

Diese bildliche Darstellung war aber nur ein Nothbehelf wegen der Beschränktheit unsers sinnlichen Anschauungsvermögens, das uns nur gestattet, Vorgänge, die gleichzeitig und durcheinander sind, nacheinander zu betrachten. Wenn es sich daher um die wissenschaftliche Erkennung der Thierentstehung und Entwickelung aus Thieren handelt, so dürfen wir nicht diese Thierbestandformen (Organe) als ursprünglich getrennt, etwa wie Bausteine denken, die, wie diese, durch Vereinigung ein Haus, durch Aneinanderfügen ein höheres Thier gäben. Das Entstehen eines Organs und sein organisches Verbinden durch ein anderes mit dem Thierorganismus, wovon es ein Theilganzes ausmacht, ist vielmehr ein Moment: wie Ursache und Wirkung, Grund und Folge.

§. 60.

Das Organ, was der Entstehungsgrund des nachfolgenden ist, ist zwar als ursprüngliches, früheres (primäres) zu **denken**, aber nicht als solches **wirklich**; denn in dem Augenblick, wo es überhaupt entsteht, muß es, um zu bestehen, immer neu entstehen, neu werden, was ohne gleichzeitiges Wiedervergehen unmöglich ist (§. 19.). Dieses Wiedervergehen nun, das wir, von der lebendigen Seite aufgefaßt, mit Kothen, von der stoffigen, mit Koth, Auswurf bezeichneten, **gestaltet sich nun in dem Moment seiner Erzeugung und Freiwerdung selbstständig, thierisch**, wie sein Mutterorgan, und ist folglich mit dessen Entstehen und Bestehen gleichzeitig gegeben.

§. 61.

Bei der Pflanze ist dieß Verhältniß vor unseren Augen auseinander gelegt, was beim Thier sich innigst durchdringt und ineinander verzweigt. Die Wurzel einer zweijährigen Pflanze schließt z. B. vor der vollständigen Entwicklung schon den künftigen Stengel in sich, der schon sinnlich erkennbar ist, und endlich bei einem regeren Wurzelleben zur Ausbildung gelangt. Diese kann aber nicht **beginnen**, ohne daß nicht auch zugleich die Blattentwickelung gegeben wäre, welche wiederum bei vollendeterer Ausbildung (im normalen Entwickelungsgang) die Blüte aus ihrem Innern hervortreibt und so fort mit Frucht und Samen, eben weil der Stengel das eigenthümlich gestaltete Rückbildungserzeugniß, der Koth der Wurzel, das Blatt dasselbe des Stengels und die Blüte dasselbe des Blatts 2c. ist. (Vergl. 3te Liefer. neuester phytochem. Entd.)

§. 62.

So verhält es sich nun auch mit der Entstehungsweise der Thierorgane, nur mit dem Unterschiede, daß, da hier alles viel schneller, lebendiger vor sich geht, das, bei der Pflanze leicht zu beobachtende, Nacheinanderentstehen hier scheinbar als ein Aufeinmalentstehen hervortritt, in dem alle Reihenfolge darum dem Sinn entschwindet, weil Alles sich so schnell folgt und aneinander reiht, daß alle Folge in ein Moment zusammen zu fließen scheint. Nimmt man daher auch Herz und Hirn als die Organe an, mit denen die Entwicklung eines bestimmten Thiers beginnt, so setzt ihr Entstandenseyn schon nothwendig ein gleich darauffolgendes Entwickeln der anderen Organe, ihnen das Werdungsmittel in ihrem Auswurf, dem Erzeugniß ihres eignen Seyns und Bestehens, das ja nothwendig zwischen dem Werden und Vergehen, zwischen dem Fressen und Kothen hin- und herschwankt, darreichend. Hirn und Herz wären sonach die primären Organe; aber so wie sie auch nur entstanden sind, sind die anderen sekundären nothwendig auch da. Denn beide, um als solche zu bestehen, müssen der Zeitlichkeit ihres Lebens gemäß, sich fort und fort neu erzeugen; Vorgänge, denen ein eben so öfteres Vergehen gegenüber steht. Nun ist aber ihr Neuwerdungsmittel (die s. g. Nahrung), an welchem sie ihre Lebendigkeit verwirklichen und welches sie zu ihrem Selbst machen, ein Fremdes, ein Außer-ihnen, welchem Selbsterzeugungsakt der andere, in welchem das Selbstige wieder zu einem Fremden wird und geworden ist (Kothen und Koth), gegenüber steht, dessen Erzeugniß wieder in die fremde Außenwelt übergehen würde, wenn es nicht vermöge seiner thierischen Abkunft so innerlich begeistigt, lebendigt, gleichsam befruchtet wäre, daß es sich schon, ehe es zur wirklichen Ausleerung kommt, selbstständig gestaltet: zu einem bestimmten Thiere wird. Dieß ist die Entstehungsweise der sekundären Organe. Sie setzen ein zeugendes und gebärendes, ein Mutterorgan voraus, dessen Bestehen die Möglichkeit ihres Werdens, dessen Vergehen aber die Wirklichkeit ihres Werdens und Bestehens enthält. So ist das Vergehen, das Sterben eines Organs immer das Zeugen und Beleben eines anderen. Solchergestalt sind die vom Hirn ausgehenden Nerven nichts weiter, als das, auf eigenthümliche Weise gestaltete Rückbildungserzeugniß des Hirnthiers, sie sind zu besonderen Thieren gewordener Hirnauswurf. — Nicht minder sind dasselbe die arteriellen Blutgefäße in Bezug auf die Lunge und das linke Herz; sie sind die zu selbstständigen Thieren ausgebildeten Excremente der Lunge und des Herzens; so die Venen, hervorgehend aus den Gebilden des ganzen Leibes, die zu Thieren individualisirten Faeces des ganzen Leibes.

§. 63.

Man hat die Nerven „Verzweigungen" des Hirns, die Arterien „Verzweigungen" der Lunge und des Herzens ꝛc. genannt; dieß ist richtig, in sofern man bloß das räumliche Verhältniß, ihren leiblichen Zusammenhang, vor Augen hat; wir dagegen, die wir auf Entstehungs- nnd Bestehungsweise dieser Gebilde hingewiesen sind, können uns hiemit nicht begnügen. Nicht das Wie? sondern das Warum? dieses Zusammenhangs beschäftigt uns hier, und dieses können wir nicht tiefer erfassen und gründlicher enträthseln, als dadurch, daß wir es auf die allgemeinen, bereits entwickelten Gesetze des Thierlebens zurückführen.

§. 64.

Daß nun aber die Nerven dem Hirn ähneln, die Arterien der Lunge und dem linken Herzen, dieses ist nicht wunderbarer, als daß das Kind den Aelteru gleicht. Das Rückbildungserzeugniß des Hirns, aus welchem die

Nerven sich hervorbilden, oder was vielmehr zu Nerven wird, ist, weil das Hirn das Zurückgebildete selbst ist, zu demselben zerfließt, nothwendig ein hirniges. Wie sollte nun aber das, was aus demselben sich gestaltet, (die Nerven) nicht dem Hirn ähnlich seyn? (Daher denn auch die höhere Geistigkeit des Hirns in jedem Nerv wiederkehrt). Eben so ist das aus den Vergehungsmomenten von Lunge und Herz hervortretende ein Lungen- und Herzartiges, daher denn auch alle Arterien das Ein- und Ausathmen der Lunge, die Systole und Diastole des Herzens in der Pulsation wiederholen. Auf gleiche Weise sind die Venen als die verkörperten Hinscheidungsmomente der Leibgebilde ihrem Wesen nach diesen ähnlich: das Körperliche, minder bewegige Verhältniß ist in ihnen, wie in den leiblichen Gebilden selbst, das Hervorstechende.

§. 65.

Durch diese Beispiele wird es nun Jedem, der uns gefolgt ist, klar geworden seyn, zu welchen Resultaten die folgerechte Durchführung des Grundsatzes von der Wiederkehr der Zeitmomente im Thierleben gelangt, und wie ganz anders das gegenseitige Verhältniß der Organe erscheine, sobald man nicht einseitig, bloß ihre geistige Seite, (Reiz, Erregung u. s. w.), sondern auch ihre leibliche Seite, und zwar beide in der Einheit, zum Erklärungsgrund macht. Durch die Auffassung dieser leiblich-geistigen d. i. organischen Wechselbeziehung der verschiedenen Organenthiere erscheint uns nun der, durch ihre Einigung dargestellte Organismus als eine Kette, deren Glieder einander selbst erzeugen, einander Entstehungs- und Bestehungsgrund sind, und deren Zusammenhang nicht bloß durch ein Ineinanderseyn, sondern auch durch ein Ineinanderhandeln bedingt ist.

§. 66.

Schon im früheren (§. 23.) sehen wir, daß das Thier selbst als einfaches Urthier gedacht, nothwendig ein Abhängiges sey, und mit der Außenwelt in zweifacher Beziehung: einmal als nehmendes (fressendes), dann als gebendes (kothendes) sich befinde. Es fragt sich nun, ob diese zweifache Beziehung auch bei den Zusammengesetzteren, aus vielen (Organen-) Thieren bestehenden Thieren eine nothwendige sey, oder ob nicht vielmehr die Möglichkeit denkbar sey, daß ein solches, vielorganiges Thier wieder kreisförmig in sich zurückkehren, sich Zweck und Mittel zugleich seyn oder thierisch ausgedrückt, nicht seinen eignen Koth wieder zur Nahrung wählen und zu seiner Fortbildung verwenden könne? Ein solches Thier wäre als ein nur von sich selbstabhängiges, ein wahres Perpetuum mobile, das den nothwendigen Kraft- und Stoffersatz in seinem eigenen Auswurf wiederfände. Die Wirklichkeit eines solchen Thiers würde die ganze hier entwickelte Thierlebensformwissenschaft in ihren Grundfesten erschüttern; Antrieb genug, hier die Unmöglichkeit desselben klar darzuthun.

§. 67.

Gesetzt es gäbe ein solches Thier, dem sein eigener Auswurf wieder zur Neuwerdung, zur Ernährung diente, so kann dieses Verhältniß schon kein ursprüngliches, sondern muß ein folgendes (sekundäres) seyn. Denn einmal muß das Thier doch entstanden seyn. Was entstand, war aber vorher nicht da, sondern wurde nur aus einem Anderen. Ein solches Thier muß also nothwendig die Mittel zu seiner Entstehung von Außen her erhalten haben; es war demnach durch sein Entstehen nothwendig in Beziehung mit der fremden Außenwelt. Nun ist aber das Bestehen des Thiers nichts weiter, als ein sich öftere Male wiederholendes Entstehen (§. 19. f.); wenn daher das Thier zum ersten Entstehen die Außenwelt gebrauchte, so muß es dieselbe auch zu der Wiederholung dieses ersten Entstehens, zum Bestehen nöthig haben, und somit ist ein Thier, das kreisförmig in sich zurückkehrte, unmöglich.

§. 68.

Dieß läßt sich durch folgendes Beispiel noch deutlicher zeigen:

Erinnern wir uns des, bereits in anderer Rücksicht (§. 58.) angeführten Beispiels eines aus den Thieren A, B, C, zusammengesetzten Organismus und seiner Bestehungsweise, so ergebt sich aus der nähern Betrachtung derselben folgendes:

Die Thiere A, B, C sind, weil sie sich zu einem Ganzen (= Organismus) vereinigt haben, die Gebilde (Organe) dieses Ganzen, von denen A den Anfang oder das die Außenwelt aufnehmende (Maul, Fressen) C das Ende, oder das der Außenwelt wiedergebende (After, Kothen) darstellt. Nennen wir nun dasjenige, was A von der Außenwelt zu seiner Neuwerdung in sich aufnimmt (die Speise) X, so muß A, um zu bestehen, immer neu werden, folglich immer X in sich aufnehmen und in sich verwandeln. Dieser steten Neuwerdung steht nun die Altwerdung, das Vergehen, gegenüber, wodurch das eben entstandene A wieder zerfließt, ein Vorgang, der sich im Auswurf, Koth, verwirklicht, der als das dagewesene, jüngst vergangene A die ganze Eigenthümlichkeit seines Erzeugers geerbt hat, und daher a genannt werden muß. Von diesem a bildet und ernährt sich nun das mit A organisch verbundene B, es in sein eignes Selbst verwandelnd. B ist demnach nur B, in sofern immer a verzehrt und angeeignet, also immer neu wird; eine Lebensverrichtung, der die entgegengesetzte, das Verzehrtwerden und Vergehen des Selbst zur Seite steht, die sich in der Erzeugung von b, zu welchem B zerfließt, ausdrücken. Da B nicht den Koth b bereitet, sondern selbst zu seinem Koth wird, so muß dieser, um die Verwandschaftlichkeit mit seiner Abkunft zu bezeichnen, b genannt werden. Wie B zu A, so verhält sich nun b zu B. C nimmt das Rückbildungserzeugniß von B = b behufs der Neuwerdung in sich auf, zeugt sich dadurch fort, und ist nur b, in sofern es dieß fortwährend thut, geht aber auch nothwendig wieder zurück, indem es wie die anderen Thiere (A und B) vergeht und kothet, und c von sich läßt. C kann wie A und B im Auswurf, Koth, nur sich selbst wiedergeben, was sich bestimmt genug durch die Benennung c ausdrücken läßt. Nun aber lebte A von X, und war nur unter dieser Bedingung A, und brachte auch nur unter dieser das Neuwerdungsmittel für B, nehmlich a hervor, dessen Verdauet- und Angeeignetwerden abseiten B wiederum C zu seiner Speise, nehmlich zu b verhalf. Würde nun A aufhören, X zu sich zu nehmen, und statt dessen den Auswurf von C, nehmlich c verzehren, so würde zwar ein kreisförmig geschlossener Organismus entstehen, aber auch eben so schnell wieder zerfallen wie er entstanden. Denn wenn A nur A ist, in sofern es X zur Fortzeugung erhält, und es nun mit einem Mal c bekommt, so bleibt es nicht A, sondern wird ein anderes, kothet demnach auch nicht mehr a: die eigentliche Nahrung für B. B wird folglich aus

Mangel der gewohnten Speise (= a) erkranken, wird aufhören B zu seyn, und sonach auch nicht mehr b das für C geeignete Neuwerdungsmittel in seinem Kothe darreichen; C wird also auch erkranken, anders werden, und nicht mehr, wie früher, den Auswurf c, sondern einen anderen von sich geben, wodurch also A wiederum eine andere Nahrung als die frühere erhält, die wieder ein Anderssеyn in A hervorruft, das dann wieder auf B und C sich erstreckt, und so bis ins Unendliche fort, dergestalt, daß nie dieselben Organe nur neu erzeugt, wiederholt, wiederkehren, sondern vielmehr stets ganz verschiedene ins Daseyn gerufen werden, was mit der Bestehungsweise des wirklichen Thiers im Widerspruch steht.

Anm. Als ein wahres Perpetuum mobile, wo eine Rückkehr in sich selbst statt findet, kann im strengsten Sinn nur das Weltall angesehen werden. Es ist eine Uhr, die sich immer selbst wieder aufzieht, ohne daß das Räderwerk, das sich stets neu erzeugt, abgenutzt wird. Wie nun das Thier seinen eigenen Koth fressend, und in sich selbst zurückkehrend, in jedem Augenblick ein ganz anderes, dem früheren kaum ähnliches Thier seyn würde, so ist dies das Weltall wirklich. Wir müssen diesen großen Organismus (Macrocosmus) als in sich zurückkehrend, ohne Anfang und ohne Ende annehmen, und darum als ein Stetsneu-Ganzneuerscheinendes, das nie ganz wieder, sondern nur annäherungsweise auf das Urverhältniß zurückkehrt, und so also von Stufe zu Stufe fortschreitet. — Ein in sich zurückgehendes Thier wäre ein Universum in universo, und darum eine Unmöglichkeit.

§. 69.

So lange nun die verschiedenen, ein Ganzes, einen Organismus, durch Einigung, darstellenden Organenthiere in ihrer ursprünglichen Beziehung und Abhängigkeit von einander bleiben, und das eine mit demjenigen zufrieden ist, was das andere durch den Rückbildungsakt als Koth von sich läßt, so lange sind sie einander bewußtlos Mittel und Zweck zugleich, nnd so lange ist innere Uebereinstimmung, Einklang im Organismus. Dieser Zustand des inneren Einklangs heißt Gesundheit. — Die Gesundheit der Organenthiere, und folglich auch des Organismus, ist eben so sehr abhängig von dem Wie (Qualität), als von dem Wieviel (Quantität) des ihnen von anderen Organenthieren aus zufließenden Kothes, der zu ihrer Neuwerdung dient. So wie in dem Verhältniß des einen oder des anderen eine Aenderung erfolgt, so erlöscht der gesunde Zustand, und der Gegensatz, die Krankheit tritt auf. Ereignet sich nehmlich der Fall, daß irgend ein Organ der Thiergliederung, welche Organismus heißt, von Außen her eine solche wesentliche Veränderung erleidet, dergestalt, daß es nicht mehr, wie ursprünglich, sich fort- und rückbildet, also einen andern Koth, als denjenigen erzeugt, welchen das mit ihm zusammengewachsene Organ zu empfangen gewohnt war, so entsteht zunächst ein Mißverhältniß zwischen beiden, ihr stoffig-lebendiges Ineinandergreifen ist gestört, eine Störung, die wegen der innigen Einigung aller Organe auch auf die anderen übergeht, und so einen Zustand erzeugt, der Krankheit heißt. Die nächste Ursache der Krankheit ist demnach Veränderung oder Aufhebung der stoffig-lebendigen oder geistig-leiblichen Beziehung der Organenthiere, wo das eine nicht auf die alte, gewohnte Weise gespeiset, sondern genöthigt wird, etwas ganz anderes aufzunehmen. Nothwendig wird es dadurch selbst ein anderes, bringt andere Rückbildungserzeugnisse (Koth) als früher hervor, in dessen Folge wiederum ein anderes Organ erkrankt, und so fort. Die Krankheitsursache ist demnach eine geistige und leibliche, eine dynamische und materielle zugleich. Selten, die, weil sie im gesunden Zustande untrennbar sind, auch im kranken, der nichts weiter als eine andere Art von Gesundheitszustand ist, sich nothwendig wieder finden müssen.

Anm. Selbst alles das, was man Mitleidenschaft, sympathisches Miterkranken nennt, ist weit entfernt, bloß s. g. „dynamische Affektion" zu seyn, sondern vielmehr zurück zu führen auf das Nichtbekommen der gewohnten oder das Bekommen einer ganz anderen Nahrung. Das kranke Organenthier erzeugte in seinem Kothe nicht Nahrung, sondern Gift für ein anderes, mit ihm verbundenes, das nothwendig dadurch erkrankt. Dieß ist die Bedeutung der materia peccans, morbosa der Alten.

§. 70.

Eine der Hauptfolgen dieser Störungen ist nun ein Frey- und Selbstischwerden einzelner Organenthiere auf Kosten der anderen, wodurch deren Daseyn gefährdet wird. Das aus dem organischen Zusammenhang herausgetretene kranke Organenthier ist nehmlich ein ganz anderes, als vorher; nicht genug, daß es seinem Hinterorgan (dessen Maul mit seinem After verwachsen ist) nicht mehr die gewohnte Speise darreicht, sondern es begnügt sich auch nicht mehr mit der Menge der ihm von seinem Vororgan (dessen After in sein Maul einmündet) aus zufließenden Speise, es greift dasselbe vielmehr selbst an, verzehrt es, und wirkt, sich so vergrößernd und auf besondere Weise fortbildend, weit um sich, und richtet Zerstörung an. Auf diese Weise entstehen und vergrößern sich die s. g. Afterbildungen, die Flechten, Krebsgeschwüre, die man sehr sinnig um sich fressende Geschwüre genannt hat, die Entzündungen, ja eigentlich jede Krankheit, sie mag Namen haben, welchen sie wolle. Denn jeder Vorgang, auch der geistigste im Menschen, ist von leiblichen, materiellen Verhältnissen untrennbar, und dem Wesen nach zurück zu führen auf die bereits fürs Thier als Gesetz erkannte Bestehungsweise (§. 35.).

§. 71.

Da die Gesundheit nothwendig in beiden Erscheinungsweisen des Thiers in der Lebens- und Stoffform (§. 9.) sich verwirklicht, so tritt sie auch in der Erscheinung nach zwei Seiten hin auf, nehmlich nach der körperlichen Seite hin als die vollkommene Einheit des Organismus, nach der geistigen als Wohlgefühl und Wohlbehagen. — Das Entgegengesetzte offenbart die Krankheit. Die Einheit des Körperlichen und der Einklang des Lebendigen, der im Wohlgefühl vergeistigt erscheint, ist gestört. Die Organenthiere haben aufgehört, sich einander Mittel und Zweck zugleich zu seyn. Es treten Spaltungen (Differenzen) auf, die im körperlichen sich als krankhafte Bildungen (abnorme Metamorphosen), und im geistigen als Schmerz und Mißbehagen aussprechen. Im gesunden Zustand sind alle verschiedenen Thiere (Organe) des Thiers zu einem Thier (Organismus) vereinigt; im kranken ist diese Einheit zerrüttet, theilweise aufgehoben, sie hat einer Entzweiung weichen müssen, oder ist vielmehr dadurch zur Entzweiung geworden, daß einzelne Organenthiere sich aus der Verbindung losrissen und selbstisch auftraten.

§. 72.

Durch solche Entzweiung der organischen Einheit entstehen nun ganz neue Verhältnisse im Thier. Die erkrankten Organenthiere streben, vermöge ihres Selbstischgewordenseyns einen anderen, für sich bestehenden, Organismus im früheren, gesunden und auf Kosten desselben darzustellen. Ihnen sind die früher mit ihnen zur Einheit verbunden gewesenen Nebenorgane zu einem Fremden = Außenwelt geworden, die sie nun selbst, wie früher deren Auswurf, zu verschlingen und anzueignen bemüht sind, oder, pathologisch gesprochen, die sie anstecken und mit krank machen. Je nachdem nun dieses Streben mehr oder minder gelingt, je nachdem ist nun auch die Krankheit ihrer Dauer, ihrem Umfang, ihrer Gefährlichkeit nach verschieden.

§. 73.

Jetzt wird es möglich seyn, mit kurzen Worten den Unterschied zwischen einem gesunden und einem kranken Thiere aufs bestimmteste festzustellen. Das gesunde Thier besteht aus Organenthieren, die zusammen einen Organismus bilden; im kranken Thier dagegen ist mindestens ein selbstischer Organismus im Organismus entstanden, der nun selbstisch mit dem ursprünglichen um die Oberherrschaft kämpft, daher beide keine Einheit, kein organisches Ganze darstellen. Die frühere Eintracht hat sich in Feindschaft verwandelt. Sie bestehen nur auf gegenseitige Kosten, und streben, einander gänzlich zu zernichten. Siegt der ursprüngliche (gesunde) Organismus, so vergeht der kranke, und es erfolgt durch die Genesung Gesundheit. Siegt der nachentstandene (kranke), so vergeht der gesunde immer mehr und mehr, der kranke gewinnt an Mächtigkeit, und endlich erfolgt hiedurch der gänzliche Tod des gesunden. Dieß erkannte im Allgemeinen schon Paracelsus von Hohenheim, indem er sagt: „die Krankheit ist selbst Microcosmus, so daß in dem kranken Leibe der Mensch selbander vorhanden ist, und zwei Leiber in einander verschlossen sind.“ — Aber Kiesern war es vorbehalten, diese Ansicht von der Krankheit im Besonderen, bei jeder

Krank-

Krankheitsform nachzuweisen und als wahr und unumstößlich zu begründen. Kieser zeigte *) im eigentlichsten Sinne, wie die Krankheit leibt und lebt, und erhob sie dadurch aus dem Nichts (Negation oder Mangel der Gesundheit) zu einem Etwas: zum Thierorganismus im Thierorganismus.

§. 74.

Geht nun endlich dieser Zwiespalt noch weiter, trennen sich die Organe noch mehr, und wird das Streben nach Freiwerdung und Losreißung einzelner so vorwaltend, daß sie ganz aus ihrem früheren, organischen, Verhältniß heraustreten, so ist damit völlige Anderswerdung, Umwandlung gegeben. Ein Vorgang, der Sterben heißt. Ist das Organenthier nur ein untergeordnetes und von nicht großer Bedeutung für das Thier, so stirbt es, nach Zurücklegung seines selbstischen Lebensprozesses, nur allein, indeß das Thier fortbesteht. Dieß ist der theilweise (partielle) Tod durch Krankheit. Ist es dagegen ein so wichtiges Organenthier, daß es durch sein kothiges Rückbildungserzeugniß eine Menge anderer Organenthiere ernährt, so können auch diese nach dessen Anderswerdung nicht dieselben bleiben, auch sie vergehen, und mit ihnen die übrigen, und nun erfolgt allgemeiner (totaler) Tod durch Krankheit. Im Tode ist also das, was in der Krankheit nur erstrebt wurde, in Erfüllung gegangen. Die Organeneinheit, die in der Krankheit nur gestört war, hört im Tode gänzlich auf. Denn die Bande, die die Organenthiere zu einem solchen einigen Ganzen verknüpften, sind zerrissen, die Nahrungsquellen der Organe, die nun nicht mehr für einander passen, sind versiegt, alles trennt

*) Dr D. G. Kieser: System der Medizin. Halle 1817. I. B. „Physiologie der Krankheit.“

sich, und der ursprünglichen Einheit folgt die Mannichfaltigkeit. Die früher nur nach einem Mittelpunkte bezogenen Lebensverrichtungen der Organenthiere, wo sie aus innerer Nothwendigkeit hinwirken mußten, zersplittern sich hier in unendlich viele, keinen Bezug weiter aufeinander habende, Lebensreflexe des ursprünglichen Einlebens. Auf allen Punkten werden die Organenthiere frei und selbstständig, zu eigenthümlich gestalteten Organismen: das Thier verwandelt sich in Infusorien!

§. 75.

Der Tod ist diesemnach eben so wenig ein Aufhören des Lebens, als die Krankheit ein Mangel an Gesundheit ist. Im Sterben hört das frühere Thier zwar auf zu seyn, aber dafür tritt ein anderes Seyn hervor, es erstehen andere Lebendigkeiten: infusoriale Organismen, eben so wie in der Krankheit uns in dem normalen Verlauf rc. derselben eine andere Gesundheit erscheint.

§. 76.

Wir finden also das, was sich uns früher bereits bei der Betrachtung der Entstehungsweise der, den Organismus bildenden, Organenthiere (§. 59. 60.), darstellte, auch hier wieder. Wie ein Organenthier nur durch das Vergehen, Rückbilden, Sterben eines anderen entstehen und bestehen konnte, wo also der Vergehungsakt eines der Erzeugungsakt eines anderen wurde, so kehrt dasselbe hier wieder. Was stirbt, wird in dem Augenblick des Sterbens zur Geburtsstätte eines neuen Lebendigwerdenden. Nur mit dem Unterschiede, daß im gesunden Organismus das sterbende, sich rückbildende Organenthier im Augenblick des Sterbens schon wieder neu entstanden ist, sich fortgebildet hat, wodurch eben das Sterben der Organenthiere und ihr Wiederauferstehen mit neuem Leben und neuem Leibe unendlich viele Male möglich wird, was beim Sterben durch Krankheit, wo die Durchdringung der Einzelnen zum großen organischen Ganzen eben aufhört, nicht Statt findet. Daher wird das Neulebendiggewordene (die Infusorium-Metamorphose) bald ganz und gar der Raub eines fremden Aeußern.

Im gesunden Organismus ist das Sterben und Wiederwerden ein durch stete Folge in der Beharrung sich Darstellendes. Im kranken und wirklich hinscheidenden (sterbenden) ist keine solche Beharrung durch Wiederkehr des Ursprünglichen, sondern nur ein Austausch des fremden Früheren gegen ein Fremdes, Späteres; ein Verdrängen des Gewordenen durch ein anderes Werdendes oder Gewordenes; oder was dasselbe ist: im kranken und todten Organismus fressen die Organenthiere einander selbst auf, im gesunden dagegen fressen sie nur gegenseitig ihren Koth.

§. 77.

Von diesem Tod durch Krankheit, der der „unnatürliche" genannt werden könnte (weil die Grundursache desselben nicht im Organismus, sondern im Aeußern liegt), ist nun der natürliche zu unterscheiden, der gleichsam durch Gesundheit erfolgt, und eine nothwendige Folge des Lebens ist, da in diesem Falle der Organismus im Ganzen gerade so stirbt, wie es mit dem Organenthier im Einzelnen in jedem Augenblick geschieht. Wir haben schon früher gesehen, daß ein nie vergehendes Thier eine Unmöglichkeit sey (§. 19.), daß das Leben nur beginne durch Aufhören, nur aufhöre durch Beginnen, daß folglich die

Anfänge und Enden des Lebens (Entstehen und Vergehen) wahre Gegensätze seyen, die durch stetes Ineinandergehen und Ineinanderhandeln selbst nur sind, und somit auch hiedurch nur das wirkliche Daseyn des Organismus, seinen Bestand, begründen. Dieß leitet uns nun auf die Erkennung einer Todesart, die in den Grenzen der Gesundheit liegt, ja nothwendige Folge derselben ist.

§. 78.

Der zwischen Entstehen und Vergehen, zwischen Fortbilden und Rückbilden gleichsam schwebende Bestand des Thiers muß sich nehmlich seiner Zeugungsweise nach auf dreifache Weise verwirklichen:

1) als Bestand, in welchem der Entstehungsvorgang, die Lebensverrichtung des Fortbildens (§. 35.) das Uebergewicht über den Vergehungsvorgang, die Lebensverrichtung des Rückbildens hat. Mit solchem beginnt jedes Thier. Er stellt sich als fortschreitende Entwickelung, als Zunahme und Vergrößerung („progressive Metamorphose") dar; in welcher mehr vom Thier entsteht, als durch Rückbildung wieder verg.ht (vergl. §. 26.). Dieser Vorgang heißt „Wachsen," in dessen Folge das Leben immer intensiver (kräftiger), der Leib immer extensiver (stoffiger) hervortritt. Er ist thierisch wirklich geworden im jugendlichen Alter.

Dieses Ueberschlagen auf die eine Seite bedingt als Gegenwirkung ein Ueberschlagen auf die andere, und stellt sich dar:

2) als Bestand, in welchem der Vergehungsvorgang, die Lebensverrichtung des Rückbildens (§. 35.) das Uebergewicht über den Entstehungsvorgang, die Lebensverrichtung des Fortbildens hat. Hie-

mit endet jedes Thier. Er stellt sich als rückschreitende Bildung, als Abnahme und Verkleinerung („Destruction") dar, in welchem mehr vom Thier vergeht, als durch die gleichzeitige Fortbildung wieder entsteht. Er ist ein Wiederentwachsen und heißt „Schwinden," in Folge dessen der Tod sich einstellt. Er ist thierisch wirklich geworden im greisen Alter.

Zwischen diesem Auf und Ab, diesem Vorwärts und Rückwärts liegt nun nothwendig ein Punkt des Uebergangs, welcher sich uns darstellt:

3) in dem Bestand, wo weder das Fortbilden noch das Rückbilden das Uebergewicht hat, sondern vielmehr beide im Gleichgewichte sich befinden. Er schwebt zwischen Beginnen und Enden und ist der höchste des Thierseyns. Das Leben weder einseitig mit Fort- noch Rückbilden beschäftigt, tritt, gleichsam ausruhend, von der einseitigen Thätigkeitsrichtung, freithätig mit Allseitigkeit auf, und offenbart sich in der Vollendung des Leibes und in der Besonnenheit des Geistes. Dieser Zustand ist weder ein Wachsen noch ein Schwinden, sondern ein Bleiben, und ist thierisch wirklich geworden im männlichen Alter. Weil aber das Bleiben oder Bestehen nur der Durchgangspunkt durch Wachsen und Schwinden, durch Entstehen und Vergehen ist, so ist dieser Punkt des Gleichgewichts nur ein momentaner. Was man männliches Alter nennt, ist daher nur das, um diesen Culminationspunkt herumliegende, in seiner Nähe im Vorwärts oder Rückwärts sich Ereignende, wo die Gegensätze nicht mehr so geschieden sind, wie im jugendlichen Alter, und sich noch nicht so strenge

geschieden haben, wie im greisen, und daher im scheinbaren Verbleiben und Stehen sich veranschaulichen.

§. 79.

Wir fassen das Hiergesagte nun durch folgendes Schema zusammen:

	Gesundheit.			
Lebensrichtung	Entstehen Wachsen Junge	Bestehen Mann	Vergehen Schwinden Greis	Todesrichtung.

§. 80.

Hieraus wird nun klar, daß, da das Bestehen überhaupt nur wirklich ist, in sofern das Leben in den Tod (das Entstehen ins Vergehen) hinüber geht, das Schwinden, oder überhaupt das greise Alter *nichts abnormes, nichts krankhaftes* seyn könne, sondern eine natürliche, nothwendige Folge sey. Das Vorwaltendauftreten einer Lebensverrichtung (im greisen Alter: das Vergehen) erzeugt noch kein Mißverhältniß, indem der vollkommene Einklang dabei besteht, und wenn es gleich zum Tode führt, so kann es dennoch nicht Krankheit genannt werden, eben so wenig wie man das, im jugendlichen Alter vorwaltende Entstehen, das nicht selten den Tod (und zwar hier durch Krankheit) herbeiführt, einen krankhaften Zustand nennen kann. Weil aber in beiden Altern sich eine Einseitigkeit in den Lebensverrichtungen darstellt, einmal in vorwaltender Fort- und dann in vorwaltender Rückbildung, so sind sie leichter verrückbar und durch äußere Einwürkungen aufs äußerste zu treiben, wovon dann die Folgen Mißverhältnisse sind, die im jugendlichen Alter meist als *Ueberwachsen*, im greisen Alter meist als *Ueberschwinden* erscheinen, die wirklich Krankheiten sind, und im männlichen Alter, wo, wie man zu sagen pflegt, „der Körper sich gesetzt hat," also gleichsam zur innern Beruhigung, zur Ausgleichung der Gegensätze gelangt ist, eine solche einseitige Verrückung nicht so leicht möglich ist, seltener auftreten.

Die Bedeutung des Bluts und überhaupt des Flüssigen im Organismus.

§. 81.

Jetzt, nachdem wir den Tod seinem Wesen nach erkannt und eingesehen haben, daß das Thierleben im Einzelnen wie im Ganzen nur wirklich sey durch stetes Sterben, Vergehen, Rückbilden, jetzt sind wir auf den eigentlichen Gegenstand unserer Untersuchungen gekommen, der darin besteht, zu zeigen, wie, in welcher Form die verschiedenen Organenthiere des Thierorganismus den Tod erleiden, sterben, wie dieß immerwährend erfolge, und wie gerade dieses immerwährende Vergehen der Grund alles dessen sey, was Entwickelung, Bildung, Verrichtung, Absonderung ꝛc. heißt. Nachdem also bereits die Nothwendigkeit des steten Vergehens, Sterbens des Thiers im Ganzen (§. 77.) wie im Einzelnen (§. 35.) erkannt worden, wenden wir uns nun zur Betrachtung der Art und Weise, wie dieß im besonderen Falle geschieht.

§. 82.

Da Entstehen und Vergehen wahre Gegensätze sind, die sich wechselseitig fordern und hervorrufen, so muß der eine geradezu das Umgekehrte des anderen verwirklichen. Wenn daher das Thier durchs Entstehen zur Selbstbegrenzung und Selbstbehauptung, die beide im Bestehen wirklich werden, gelangt, so tritt durch das, diesem nothwendig folgende, Vergehen das

Entgegengesetzte auf als Selbstentgrenzung und Selbstenthauptung, die beide mit dem Aufhören des Bestehenden zusammenfallen. Wenn ferner die Selbstbegrenzung, das leibliche Bestehen der Organe, sich vorzugsweise nur durch eine Verfestung verwirklichen kann (§. 3.), so erscheint dagegen die Entgrenzung, das Vergehen unter der Form der Verflüssigung: das Feste wird wieder grenzlos und zerfließt. Das früher durch die begrenzende Verfassung sich eigenthümlich und selbstständig verwirklichende Organenthier ist hier wieder zu einem Allgemeineren der Ständigkeit Beraubten, zerronnen und zerflossen.

§. 83.

Das Flüssige im Thierorganismus wäre sonach die Folge der Selbstzernichtung oder dasjenige, was aus dem allgemeinen Tode der Organenthiere, durch deren Vergehen und Rückbilden hervorgegangen ist. Nun ist das Hauptflüssige das Blut. Im Blut würden also auch hauptsächlich die Organe ihren Untergang finden. Wirklich zerfließt der allergrößte Theil derselben zu Blut; das Blut ist ihr Grab aber auch zugleich ihr verblichener, gestorbener Leichnam. Die Lunge zerfließt vergehend zu arteriellem Blut, der Darm wird sterbend zu Pfortaderblut, die Leber zum s. g. Lebervenenblut; eben so gehen Milz, Nieren, Geschlechtstheile u. s. w. zu dem ihnen gleichgenannten Venenblut zerfließend, unter. Dieß gilt von allen Thierorganen, die Blut von sich geben; es ist ihr Zerflossenes, gestorbenes Selbst. Es ist unmöglich, dem Blut eine andere Bedeutung abzugewinnen als diese, daß es das Todte, Gestorbene des Organismus sey. Die bereits erkannten Lebensgesetze führen uns bei ihrer folgerechten Anwendung nothwendig darauf. — „Wie," hören wir hier Manche sprechen, „kommt hier die alte längst als unrichtig erkannte Behauptung der Brownianer wieder zu Tage, die das Blut ein Todtes, Aeußeres zu nennen sich unterfing?" Freilich! aber zum Glück auf eine tiefer begründete und anderes bedeutende Weise. Wenn man oft höhnend den Ausspruch wiederholt, daß „nichts so widersinnig sey, was nicht schon ein Philosoph behauptet habe," so können wir hier mit vollem Rechte den Ausspruch umkehren und sagen: daß nichts unwahr sey, was schon ein Philosoph, möchte es auch noch so widersinnig scheinen, behauptet habe. Jede Wahrheit wird zur Lüge, wenn sie unrichtig bezogen und auf das ihr Widersprechende angewandt wird, und eben so wird jede Lüge (das Widersinnige) wahr, wenn sie richtig bezogen und auf das Entsprechende angewandt wird. Es ist daher der Blutansicht der Brownianer, die, wie sie dasteht, einseitig, falsch und unrichtig ist, eine Bedeutung abzugewinnen, wenn man das Blut in Bezug auf sein Mutterorgan („woraus es fließt") betrachtet, wo es denn als dessen Todesprodukt, also als das Todte, das Gestorbene des Organs erscheint. So wie man aber das Blut, seinem Wesen nach, an und für sich anschaut, so wird es lebendig, und zwar so lebendig, daß man, beschäftigt, es in seinem scheinbaren Fluß zu verfolgen, es aus dem Gesichtskreis verliert, und dasselbe, ehe man sichs versieht, in fester Organengestalt vor sich hat. Wie die Organe sterbend zu Blut zerfließen, eben so leben sie in dem zu Organen erstarrenden Blut wieder auf. Alles ist hier wechselseitig, Tod ist Leben und Leben ist Tod, je nachdem man es betrachtet. Das Blut an sich ist ein Lebendiges, ein durch Organentod Lebendigwerdendes (ins Daseyn tretendes). Das Organ an sich ist auch ein Lebendiges, ein durch Bluttod Lebendigwerdendes. Wo Organe werden, vergeht, stirbt das Blut, wo Blut wird, da vergehen, sterben Organe. Wenn daher das Arterienblut die gestorbene Lunge ist, so ist dagegen die Milz das gestorbene Arterienblut, und umgekehrt ist das Venenblut der Milz gestorbene Milz, dagegen ist die Lunge das gestorbene Venenblut. Also das Blut ist todt, wie die Brownianer behaupten, und es ist lebendig, wie die neueren Physiologen sagen, und so bekommen wir mit keinem Streit. — Wir hoffen dieses Alles bald in ein klareres Licht zu setzen.

§. 84.

Aber nicht bloß das Blut, sondern jedes andere Flüssige im Thierorganismus hat diese Bedeutung. Secernirt, gebildet, abgesondert rc. wird nichts im Organismus. Alle s. g. Se- und Excremente sind nichts von bestimmten Organen Bereitetes, sondern diese Organe selbst gestorben und verweset. Wir haben bereits erkannt, daß die Organe, um zu seyn, stets sterben müssen; hier tritt uns nun im Flüssigen die Weise ihres Sterbens und Vergehens entgegen. Alles Flüssige hat die Bedeutung und den Werth des Bluts; so daß man die verschiedenen thierischen Flüssigkeiten als schwarzes und weisses, als rothes nnd blaues, als grünes und gelbes Blut bezeichnen kann. Im Verfolg dieser Betrachtungen wird es sich genugsam zeigen, daß der gestorbene Leichnam der Organe nicht nur auf ein- und zweifache, sondern auf drei- und gar vierfache Weise auseinander fließe. So zerfällt die Leber neben dem venösen Blut auch in Galle, die Nieren außer dem Venenblut auch in Harn. Der Darm zerfließt zu Milchsaft, Darmsaft und Venenblut und kothigem Auswurf. Die Speichel- und Thränendrüsen werden nicht bloß blutig (zu Venenblut), sondern auch wässerig: zu Speichel und Thränen, und so fort mit allen s. g. Ex- und Secretionsorganen. Von Machen und Bereiten kann hier gar nicht die Rede seyn, sondern immer nur von einem Zuetwaswerden.

§. 85.

Diese Bedeutung des Flüssigen: Organenvergangenheit zu seyn, ist das wichtigste Resultat dieser ganzen Untersuchung. Denn sie wird uns dem Verständniß der so räthselhaften und geheimnißvollen Erscheinungen des Thierlebens hoffentlich um einige Schritte näher bringen. Es kommt nur darauf an, das hier Gesagte durch Betrachtung des Einzelnen als unumstößlich zu bewähren, wobei denn leider unser Hauptgeschäft nicht die Bestätigung, sondern nur die Widerlegung der meisten physiologischen, zu Dogmen erhobenen Ansichten seyn wird. Wir beginnen mit der Lunge. Dieses Organ giebt uns sogleich Gelegenheit, eine der Hauptansichten der mechanisch gesinnten Physiologen, nehmlich die vom Blutumlauf (Circulation), zu widerlegen, und als nichtig darzustellen. So schwierig es auch seyn wird, gegen diese, den meisten Physiologen schon so zur Gewohnheit, gleichsam zur andern Natur gewordene Ansicht, mit Erfolg aufzutreten, so wagen wir es dennoch. — Einen Engländer hat die Geschichte als den Entdecker des Blutumlaufs verewigt, einen Deutschen wird sie mit noch größerem Ruhm als den Entdecker eines — — — Nichtblutumlaufs nennen. Dieser ist nehmlich Wilbrand, auf dessen Leistungen wir später unser Augenmerk richten werden.

§. 86.

Aus der, hier aufgezeigten, Bedeutung des Flüssigen ergiebt sich nun auch die des Festen, welche nur die entgegengesetzte seyn kann. Wenn das Flüssige die wieder zerronnenen Organe, deren Vergangenheit darstellt, die wieder zu anderen Organen gerinnt und gesteht, also zugleich auch das Zukünftige bedeutet (§. 83.), so ist dagegen das Feste das zwischen Zukunft (Werden, Gestalten, Gerinnen) und Vergangenheit (Aufhören, Entstalten, Zerrinnen) mitten inne Schwankende, und stellt so noch die Gegenwärtigkeit der Organe und des Organismus dar. Es ist das, worin das Flüssige zur Ruhe, zum Stehen gekommen zu seyn scheint. Ein Schein, der, wie schon oft gesagt, dadurch hervorgebracht wird, daß das Flüssige immerwährend zum Stehen, zur Verfestung kommt, dieses Stehende, Verfestete aber eben so oft wieder zum Gehen und Fließen zurückgebracht wird. In der Lunge erscheint uns nun ein Organ, in welchem diese beiden Seiten, die Feste und die Flüssige sich aufs deutlichste verwirklicht haben. Wir wenden uns jetzt zur nähern Betrachtung derselben.

Die Lunge, und ihr Bestehen durch den Lebens- und Todesprozeß in derselben.

§. 87.

Die Lunge ist ein Thier, das vermöge seiner Selbstsucht nichts anderes bezweckt und bezwecken kann, als sich selbst, sein eigenes Bestehen (§. §. 54. 55.); daher beschränkt sich alles Thun und Handeln (Funktionen) der Lunge darauf, Lunge zu bleiben, was nur möglich ist, durch ein stetes Vonneuemlungewerden. Die Lunge hat sonach ein Streben, alles in ihren Wirkungskreis tretende zu Lunge zu machen, in Lunge umzuwandeln, und verwirklicht dieses in ihren beiden Verrichtungen: Lufteinathmen einerseits und Blutsaugen andererseits. Ein Streben, das in dem wirklichen, festen Bestand der Lunge zu einem erreichten geworden.

§. 88.

Hienach können die Lebensvorgänge der Lunge nicht bestimmter, treffender und schärfer bezeichnet werden, als daß wir sagen: sie seyen ein Lungewerdungsprozeß, ein Lungelebendigwerden, kurz der Lebensprozeß der Lunge, durch welchen die eingeathmete Luft, gleichzeitig mit dem Venensysteme zur Lunge selbst zusammengehe und erstarre. Das Einathmen (Einluften) ist somit ein Luftgefressen- und Luftverdauetwerden, und eben so das Blutsaugen (Einbluten) ein Blutgefressen- und Blutverdauetwerden abseiten der Lunge, in deren Folge Luft und Blut ersterben und als Lunge wieder aufleben. So lange nun die Lunge Lunge ist, so lange sind auch diese beiden Zulungewerdungen nothwendig da, eben weil die Lunge wie jedes Organ nur ist, durch Werden.

§. 89.

Würde nun die Lunge nichts weiter thun, als immer Fressen und Verdauen, oder was dasselbe ist, würde sie immer nur Werden, so wäre ein unendliches Vergrößern (Wachsen) hievon die Folge. Ein Umstand, dessen Unmöglichkeit wir bereits (§. 19.) erkannt haben, und dessen Wirklichkeit wir auch hier nicht finden. Es zeigt sich vielmehr, daß jenem Stetszulungewerden aus Luft und Blut ein Luft- und Blutwerden aus der Lunge gegenüber steht. Dieß verwirklicht sich in zwei anderen Lebensverrichtungen, in dem Luftausathmen (Ausluften) einerseits, und dem Blutausstoßen (Ausbluten) andererseits. Vorgänge, in welchem der wirkliche, feste Bestand der Lunge wieder aufgehoben und zernichtet worden.

§. 90.

Sonach stellt sich dem Lungewerdungsprozeß (§. 87.) ein Lungevergehungsprozeß, ein Lungesterben, kurz der Todesprozeß der Lunge gegenüber, durch welchen die Lunge wieder auseinander weicht und aufhört Lunge zu seyn. Das Ausathmen (Ausluften) ist somit eine Folge des Gefressen- und Verdauetwerdens der Lunge, und eben so das Blutausstoßen (Ausbluten). In beiden erstirbt die Lunge und in beiden wird ein Neues (Blut und Luft) wieder lebendig. So lange nun die Lunge, Lunge ist, so lange sind auch diese beiden Zu-Luft- und Blutwerdungen der Lunge nothwendig da, eben weil die Lunge wie jedes Organ neu wird, und ist durch Vergehen.

§. 91.

Jede einseitige, oryktochemische Erklärung der Lungenvorgänge fällt hiemit ins Nichts zurück. Sie sind alle, sammt und sonders falsch. Wir hauchen keine „desoxydirte und carbonisirte„ Luft aus, sondern wir hauchen die Lunge selbst aus: die Lunge geht durchs Ausathmen in Gasgestalt davon. Eben so ist es kein „oxydirtes und decarbonisirtes" Blut, was die Lunge nach der entgegengesetzten Seite von sich läßt, sondern es strömt die Lunge selbst aus: die Lunge rinnt durchs Ausbluten in flüssiger Gestalt davon.

§. 92.

Die Zeit mit ihren Folgen kehrt sonach aufs Schönste in der Art und Weise des Lungenseyns wieder. Die Lunge vergegenwärtigt sich nur, ist nur, in so fern ihre Zukunft stets zur Vergangenheit wird. Durch Einathmen wird die Lungezukunft (die Luft die künftig Lunge seyn wird), dem Luftkreis entnommen, indeß im gleichdarauffolgenden Augenblick durchs Ausathmen derselben die Lungenvergangenheit (die zu Luft gewordene Lunge) wieder zurückgegeben wird. Auf gleiche Weise wird durchs Einbluten (Venenbluteinsaugen) die Lungenzukunft dem Leibe geraubt, indeß durchs Ausbluten (Ausströmen des arteriellen Bluts) die jüngstvergangene, gewesene Lunge wieder in den Leib zurück strömt. Zwischen beiden Momenten liegt die Lunge selbst, die weder Arterie noch Vene, sondern beides in der Durchdringung zu einem neuen Dritten ist. An ein Einmünden und Uebergehen der Arterien in die Venen ist gar nicht zu denken. Mit solcher Mechanik begnügt sich das Leben nicht. — Denn die Lunge ist kein absolut Stillstehendes, sondern nur ein relativ Stillstehendes, was eben nur durch den Wechsel möglich wird. Immer gehen Luft und Blut zur Lunge zusammen, und immer weichet die Lunge wieder zu Luft und Blut auseinander. Oder was dasselbe ist, immer verwandelt sich das Venensystem mitsammt der Luft in die Lunge, und immer wird das Arteriensystem mitsammt der Luft aus der Lunge. Sie ist, in sofern sie immer wieder nicht ist. Sie wird, in sofern sie immer wieder vergeht; und sie vergeht, in sofern sie immer wieder wird. Alles ist hier wechselseitig in innigster Durchdringung. Die Lunge ist dreierlei, und doch ist sie eine Einheit; sie ist eine Einheit, und doch ist sie dreierlei. Sie ist, wie jedes Organ, eine im Thierorganismus wirklich gewordene Dreieinigkeit, welche uns das folgende Schema veranschaulichen möge.

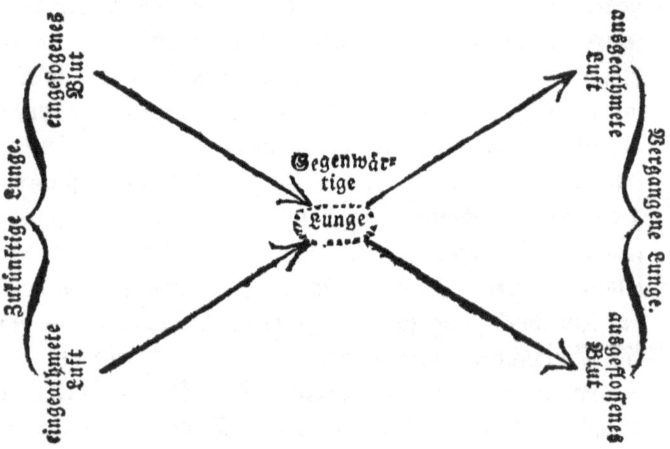

§. 93.

Diese Einsicht vom Lungenleben stürzt nun nothwendig jede mechanische Ansicht von einem Luft- und Blutfiltriren durch die Lunge, so wie jede teleologische von einem Blutverbessern durch Aussonderung s. g. schädlicher Stoffe (Kohlenstoff, Wasserstoff) aus dem Blut mittelst der Luft, und endlich nicht minder die überall wiederholte Meinung, daß die Lunge keine andere Beziehung zu dem venösen Blut habe, als eine solche äußere, wie sie zur Umänderung des Venenbluts in arterielles erforderlich sey. Man überträgt hier der Lunge das Geschäft für die andern Organe des Leibes etwas zu thun (venöses Blut in arterielles zu verwandeln), ohne für ihren eigenen Unterhalt zu sorgen, indem man dieselbe wie ein Aeußeres setzt, das sich so zu Luft und Blut verhalte, wie etwa der Baumeister mit seinen Gesellen zu dem Baumaterial. Daß dieß Verhältniß wirklich ein solches sey, hat jedoch niemand, weder empirisch noch speculativ bewiesen; daß es kein solches seyn könne,

könne, dieß folgt nothwendig aus den schon erkannten Lebensgesetzen der Lunge. Nach diesen ist die Lunge ein selbstsüchtiges Thier, das nichts bereitet, macht, als sich selbst, und in Wahrheit auch nichts anderes machen kann, denn wovon soll es leben und bestehen, wenn Luft und Blut nicht seine Werdungsmittel sind? — Man überrede uns nur nicht, daß dieß durch die Bronchialarterien geschehe, die 1) viel zu klein sind, um das nieruhende, immer thätige, also stets Ersatz bedürfende, Lungenthier zu erhalten, und die 2) eine solche Abstammung haben, daß sie unmöglich der Lunge zur Ernährung dienen können! Denn was sind die Bronchialarterien mit ihrem Inhalt? — Sind sie nicht das Rückbildungserzeugniß, der Koth des Lungenthiers? Kein Thier kann aber von seinem eigenen Koth leben (§. 67. 68.), folglich auch nicht das Lungenthier. Die Bronchialarterien müssen demnach eine ganz andere Bedeutung haben und haben sie auch: sie sind Ueberbleibsel des früheren foetalen Zustandes, in welchem die Lunge noch ein milzartiges Leben führte, und mit dem arteriellen Blut sich begnügte, welches vorzugsweise durch die Bronchialarterie zu ihr wandelte, deren Blutquelle ja im Foetus eine ganz andere ist, als im Gebornen. Die Lunge im Urzustande, so wie die des gebornen Thiers, ist eine ganz andere. Beide erfordern zu ihrem Werden und Bestehen außer dem Blut auch Luft, und es ist das Vergrößern und Wachsen der Lunge unbegreiflich, wenn man im venösen Blut nicht das Neuwerdungs- oder Nährmittel der Lunge sieht, um so mehr, da das Bronchialarterienblut nicht das Nährende der Lunge seyn kann, weil sie aus dem entstehen, was die Lunge bereits als Auswurf von sich gestoßen (aus der Aorta).

§. 94.

Dennoch ist nicht zu leugnen, daß die Bronchialarterien auch noch beim gebornen Thiere eine ernährende Beziehung zur Lunge haben. Ein Umstand, der uns zu der wichtigen Entdeckung geführt hat, daß die Lunge des nicht mehr Foetus seyenden Thiers eine entzweiete, doppelte ist, nehmlich eine milzartige (foetale) und eine kiemenartige. Diese Entzweiung tritt mit dem ersten Athemzuge ein, wo die früher ganz nach Art der Milz negativende Lunge, sich in zwei Thiere scheidet, wovon das eine („die kiemartige") die eigentliche Lunge genannt werden kann, in dem es von Luft und venösem Blut lebt, indeß die andere („die milzartige") nur eine Nebenlunge ist, die ihre Fortbildungsmittel in dem Rückbildungserzeugniß, dem Koth der Kiemenlunge (dem Bronchialarterienblut) findet, und ohne Luft zufrieden ist. Beide Lungen haben sich aber zu einer Einheit durchdrungen, sind ein Ganzes geworden oder sind vielmehr bei der Entzweiung durch das Athmen ein Ganzes geblieben.

§. 95.

Dasselbe Verhältniß, was man bisher als merkwürdig bei der Leber anstaunte, finden wir dennoch auch bei der Lunge, (und wie sich zeigen wird beim ganzen venösen System), nehmlich das Eingehen von arteriellem und venösem Blut in dasselbe Organ; nur mit dem Unterschied, daß die Leber ihr venöses und arteriöses Fortzeugungsmittel von Darm und Lunge erhält, die Lunge dagegen ihr venöses von Darm (und den übrigen Organen) ihr arteriöses von ihr selbst bekommt, und die arteriöse Nahrung der Leber doch viel vorwaltender ist als die der Lunge.

§. 96.

Aus allem wird nun klar, daß das stete Lebendigwerden und Wiedersterben (der Lebens- und Todesprozeß) der Lunge es sei, was das Daseyn und Bestehen der Lunge überhaupt begründet; daß alle ihre Handlungen u. s. g. Funktionen zurückzuführen seyen auf ein Lungezeugen einerseits und ein Lungezernichten andererseits; daß das eingesogene Blut und die eingeathmete Luft nicht von der Lunge wie ein Aeußerlicheinwirkendes verändert und gesondert, sondern vielmehr zerstört, getödtet und in Lunge umgewandelt werde, und daß endlich die ausgeathmete Luft und das ausfließende Blut nichts weiter als die wieder gestorbene, verflüssigte, und vergasete Lunge selbst sey. — Nach solchen Ergebnissen wenden wir uns nun zu einem anderen Organenthier das auch nur lebt durch Sterben, und im Sterben der Lunge die Mittel zur Neulebendigwerdung (venöses Blut) darreicht; es ist der Darm.

Der Darm, und sein Bestehen durch den Lebens- und Todesprozeß in demselben.

§. 97.

Indem wir es versuchen, den Darm, in seinem Wesen und Wirken mit einem lebendigen Blick aufzufassen, erscheint er uns als ein Thier, das, wie die Lunge, in all seinen Handlungen der Selbstsucht fröhnt; nur um seines Selbst willen da ist, und keinen anderen Zweck hat, als sein eigenes Bestehen. Die Darmthätigkeit kann daher nicht anders, als eine solche bezeichnet werden, welcher das Streben inwohnt, alles, was in den Bereich ihres Wirkens kommt, in den Darm zu verwandeln, zu Darm zu machen; so daß der wirkliche bestehende Darm als die Erreichung dieses Strebens erscheint. Es ist unmöglich den Dauungs- und Aneignungsprozeß schärfer und physiologisch richtiger zu bezeichnen. Man hat den letzteren auch Verähnlichungsprozeß genannt. Dieß ist noch nicht genug: er muß Vergleichungsprozeß heißen, da durch denselben das Nichtdarmige dem Darm nicht bloß ähnlich, sondern völlig gleich gemacht, kurz zu Darm selbst wird.

§. 98.

Es giebt keine andere Lebensvorgänge im Darm, als diese, welche auf sein Bestehen Bezug haben, oder vielmehr sein Bestehen begründen. Das s. g. Verdauen von Trank und Speise ist daher gleichzeitig mit dem s. g. Aufnehmen der Galle und dem s. g. Einströmen und Verschwinden des arteriellen Bluts (oder vielmehr der Gefäße nebst Inhalt) ein Zudarmwerden derselben, und weiter nichts. Das arterielle Blut erstarret zu Darm; die Speise wird erst verflüssigt, und dadurch verähnlicht, und dann gleichfalls zu Darm; eben so verwandelt sich die Galle mit sammt den Gallgefäßen in solche; so daß aus dem Zusammengehen und der Durchdringung dieser drei eine Einheit hervorgeht, die weder Speise, noch Galle, noch Arterie, sondern alle drei zugleich ist.

§. 99.

Dieses Zudarmwerden von Speise, Galle und Arterien ist ein Sterben und Aufhören für dieselben, aber ein Darmlebendigwerden durch den Lebensprozeß im Darm. So lange nun der Darm Darm ist, so lange sind (wie bei der Lunge §. 88.) auch diese Zudarmwerdungen, und mit diesen der Darmlebensprozeß, nothwendig da; denn der Darm kann auch nur seyn und bestehen durch stetes Neuwerden.

§. 100.

Schon eine oberflächliche Betrachtung des Darms lehrt, daß diese Neuwerdung eine immerwährende, stets sich wiederholende sey, indem er nie ruht, Speise, Galle und Arterien in sein Selbst zu verwandeln. Hieven wäre nun die Folge: ein unendliches Wachsen und Vergrößern, wenn nicht das Bedingende seiner steten Neu- und Lebendigwerdung eben das Altwerden und Wiedervergehen wäre. Wie er entstanden, so vergeht demnach der Darm auch wieder. Dem Zudarmwerden aus Speise, Galle und Blut steht sonach ein zu Speise-, Galle- und Blutwerden aus dem Darm gegenüber, nehmlich im Chylus, im Darmsaft und Koth und im Venenblut. Sie stellen den wieder gestorbenen und dreifach auseinandergewichenen Darm dar.

§. 101.

So steht demnach dem Darmwerdungsprozeß (§. 98. 99) ein Darmvergehungsprozeß, ein Darmsterben, kurz der Todesprozeß im Darm gegenüber; durch welchen der Darm wieder aufgelöst und in Theile zerlegt wird, die seinen Bildungstheilen entsprecher. Gleichwie aber sein Aufleben ein Sterben von Speise, Galle und Blut war (§. 99.), so ist umgekehrt sein Sterben ein Aufleben von Speise, Galle und Blut. So lange nun der Darm Darm ist, so lange sind auch diese Zu-Speise-, Galle- und Blutwerdungen nothwendig da, eben weil das Darmbestehen nur durch Darmvergehen möglich ist.

§. 102.

Hiemit ist nun alles das unverträglich, was die gewöhnliche Physiologie uns vom Darm und seinem Wirken lehrt, so daß wir es geradezu verneinen müssen. Was bereits vom Venenblut in Bezug auf die Lunge gesagt worden (§. 91.), das gilt hier vom Arterienblut in Bezug auf den Darm. Wie nehmlich das arteriöse Lungenblut nicht das gesauerstoffte Venenblut, sondern vielmehr die zu Blut zerflossene Lunge selbst ist, eben so ist das Darmvenenblut kein durch den Darm entsauerstofftes arteriöses, sondern es fließt in demselben der Darm theilweise selbst wieder fort: es ist der flüssig, der blutig gewordene Darm. An ein Uebergehen des Arterienbluts in die Venen, an ein Durchfiltriren ist gar nicht zu denken. Es widerspricht der Idee des Darms, der eine Synthese, aber kein Aggregat seiner Bildungsmomente ist. Auch kann sich niemand rühmen, hier ein Einmünden der Arterien in die Venen gesehen zu haben. Mit dem Milchsaft (Chylus) verhält es sich eben so. Er ist kein aus den Speisen mit Hülfe der Galle bereiteter und abgesonderter Saft, sondern die zweite Form, in welche der Darm, sich rückbildend, zerfällt: er ist der flüssig, milchigt gewordene Darm. Gleiche Bewandniß hat es mit dem Darmsaft. Er ist keine Absonderung des Darms, um die Speisen flüssiger, assimilirbarer zu machen, sondern er ist der vergangene, zu Wasser gewordene Darm. Endlich ist die Faex kein Ueberbleibsel, kein Stoff verzehrter Speise, sondern vielmehr der wahre Darm in kothiger Gestalt, wenn er gleich eine große Menge unverdauter Ueberbleibsel ꝛc. enthält und enthalten kann. Wie ein Darm sich in wirklichen Koth verwandeln, zu Koth werden könne, das sehen wir unter andern am s. g. Kindspech (Meconium) des Foetus, dessen Darm noch keine außenweltliche Speise bekommen, sondern ein von Galle und Arterienblut lebender ist.

§. 103.

Jetzt sind wir so weit gekommen, auch in der Art und Weise wie sich das Darmleben verwirklicht, die Zeitlichkeit mit ihren Folgen, in thierischem Gewande, wieder zuerkennen. Der Darm verhält sich hier gerade wie die Lunge: er vergegenwärtigt sich nur in so fern seine Zukunft stets in die Vergangenheit hinübergeht. Durchs Fressen wird die Darmzukunft (das was künftig Darm seyn wird) der Außenwelt geraubt, indeß derselben durchs Kothen die Darmvergangenheit (der zu Koth gewordene Darm) wieder zukommt. Auf dieselbe Weise wird durchs Einbluten und Eingallen (das Ergießen des arteriellen Bluts und der Galle in den Darm) die Darmzukunft dem Leibe entnommen, indeß durchs Ausbluten und Ausgallen (die Venenblut- und Chylusergießung) der jüngstvergangene Darm wieder in den Leib zurückfließt. Zwischen diesen beiden thierisch lebendig gewordenen Zeitmomenten liegt nun der Darm selbst, der weder das eine noch das andere, sondern beides in einigender, ausgleichender Durchdringung ist. Was wir durch folgendes Schema darstellen:

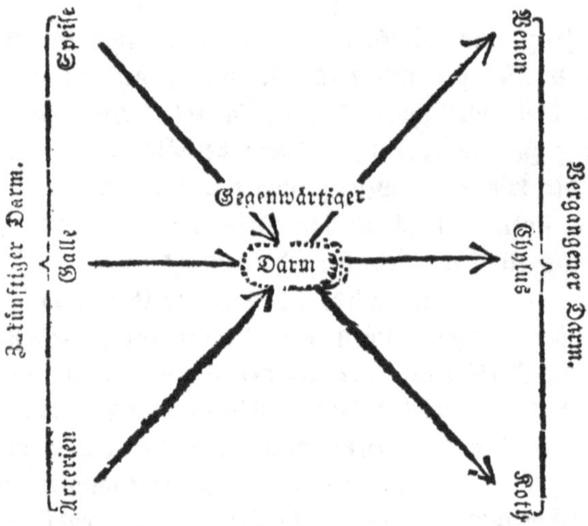

Dieses Schema zeigt den Darm eben so zwischen Zukunft und Vergangenheit schwanken, wie es bei der Lunge der Fall war. Man erkennt daraus, daß der wirkliche Darm nur ist, indem seine drei Zukünftigkeiten stets zu ihm werden, und er wieder zu entsprechenden auseinander fließt, die seine Vergangenheiten darstellen. Merkwürdig ist das Verhältniß zur Lunge, welches sich hiebei offenbart. Die Lungenvergangenheit (die Arterien und deren Blut) ist ein Zukünftiges, ein Fortbildungsmittel für den Darm, indeß die Darmvergangenheit: Chylus und Venenblut dasselbe für die Lunge sind, woraus die gegenseitige, innige Beziehung beider klar genug erkannt wird. Die Lunge reicht dem Darm ihr Rückbildungserzeugniß, ihren Koth, dieser der Lunge das seinige, und den seinigen, und beide fristen so mit einander das Daseyn, ohne es selbst zu wissen und zu wollen. — Von Galle und Leber kann hier noch nicht geredet werden.

§. 104.

Durch diese Darstellung werden wir nun hoffentlich einen Schritt weiter in der Erkenntniß des Darmlebens und seiner s. g. Verrichtungen (Funktionen) gelangt seyn, indem wir einsehen, wie ungenügend die bisherigen teleologischen Erklärungsarten waren. Dem armen Darm ist in dieser Rücksicht am schlimmsten mitgespielt worden. Wie ein Tagelöhner, der von der Lunge aus besoldet und unterhalten wird, mußte er für die andern Organe sich abarbeiten, und ihnen aus der Speise die Nahrung bereiten; in welchem Falle man den Darm eben so äußerlich gegen die Speise stellt, wie die Lunge gegen das Venenblut (§. 93.). Womit kann man aber solche Ansichten rechtfertigen, die den Darm zu einem Mahlstein machen, der vom Lungenwasser (Arterienblut) getrieben wird, und dem es nicht vergönnt ist, sein eigenes Erzeugniß zu genießen; er muß es vielmehr mit Selbstverleugnung den anderen Organen übergeben. Aber ist dieß wohl möglich? Kann ein unverständiges Thier, wie es der Darm ist, wohl etwas anderes wollen, als sich selbst, etwas anderes thun und machen, als sich selbst? Könnte der Darm wohl bestehen, wenn das s. g. Speiseverdauen wirklich für ihn ein bloßes Aeußeres wäre, das er den anderen Organen zum Opfer brächte? Das heftige Verlangen nach Speise, der Hunger, so wie die Erscheinungen beim Hungertode deuten auf ein die ganze Innerlichkeit des Darms in Anspruch nehmendes Verhältniß hin, und zeigen deutlich genug, daß das arterielle Blut nicht allein im Stande ist, das Darmbestehen zu fristen. Im Foetuszustand ist dieß wohl möglich, und da geschieht es auch (wenn gleich die Leber auch ihr Theil mit beiträgt). Aber wie tief schlummert hier noch das eigentliche, das Urleben des Darms, das in dem siegreichen Kampfe mit der Außenwelt, der „Verdauen“ heißt, sich verwirklicht, und im gebornen Thier sich erst in Folge des in der Lunge durch Luftorgangewordenseyn hervortretenden Gegensatzes verwirklichen kann. Hier stoßen wir von Neuem auf die oben schon erkannte Beziehung zwischen Lunge und Darm. Im Foetus sind beide noch der Außenwelt entrückt. Bei der Geburt kommt die Lunge zuerst mit derselben in Wechselwirkung, nehmlich mit der Luft, wodurch die ganze Lungennatur des Foetus eine Umwandlung erleidet, und mit dieser alles andere, besonders aber der Darm, der, durch das ihm als Nahrung zufließende Blut der jetzt luftathmenden Lunge nach und nach befähigt wird, auch den Kampf mit der fremden Außenwelt zu wagen und sie in sein Selbst zu verwandeln (Fressen, Verdauen). Der Darm, in der seinem Urzustand entsprechenden Selbstständigkeit, erfordert also außer Blut und Galle, auch Speise, um Darm zu seyn und zu bleiben.

§. 105.

Aus dieser Darstellung, die nichts weiter als eine folgerechte Anwendung der erkannten Lebensgesetze auf den Darm ist, geht nun ganz unzweideutig hervor, daß das stete Lebendigwerden (Lebensprozeß) und das stete Wiedersterben (Todesprozeß) die wesentliche Bedingniß des Darmseyns und Darmbestehens sey, daß folglich alle seine Thätigkeiten nichts weiter seyen, als ein Darmzeugen einerseits, und ein Darmzernichten andererseits, dergestalt, daß dasjenige, was vom Darm aus in den Leib kommt, der gewesene Darm ist, und folglich alles vom Darm ausgehende Ernähren der andern Organe (zunächst der Lunge) eine Verwandlung des Darms in diese Organe sey; gerade so, wie wir bereits das von der Lunge ausgehende Ernähren der Organe, als eine Verwandlung der Lunge in dieselben erkannten. Es wird sich im Verfolg dieser Untersuchungen zeigen, daß alles dasjenige, was wir außer Darm und Lunge im Organismus wahrnehmen, nichts weiter sey, als der gestorbene Darm und die gestorbene Lunge, die beide in neuen Formen als die verschiedenen Organe wieder auferstanden sind. Diesemnach wenden wir uns nun zu einer neuen Untersuchung, deren Zweck es ist, zu zeigen, auf welche Weise die gestorbene Lunge und der gestorbene Darm wieder aufleben, was uns zunächst zu einer Entwickelungs- und Entstehungsgeschichte des arteriösen, venösen und chylösen Gefäßsystems führt.

Die Entstehung des arteriasen Systemes und des linken Herzens durch den Todesprozeß in der Lunge. — Widerlegung der Annahme eines Blutumlaufs.

§. 106.

Die Lunge ist eins der geschäftigsten Thiere im Thier. Sie ist ohne Unterlaß thätig, die außenweltliche Luft wie das innenweltliche Blut in sich umzuwandeln. Ginge nun diesem steten Zulungewerden nicht ein stetes Zugrundegehen der Lunge zur Seite, so wäre das geringe Wachsthum, welches mit der Fülle von Nahrung, so die Unersättlichkeit der Lunge sich aneignet, in gar keinem Verhältnisse steht, unerklärlich. Dieß ist aber wirklich der Fall. Die Lunge geht zu Grunde, bildet sich zurück, und wird dadurch einer Menge anderer Thiere die Gelegenheitsursache des Entstehens und Bestehens.

§. 107.

Das eine der Lungenrückbildungserzeugnisse (der arterielle Lungenauswurf) ist nehmlich seinem Ursprung entsprechend von solcher innerer Belebtheit und organischer Bildsamkeit (Plasticität), daß es schon im Entstehen sich sogleich eigenthümlich gestaltet und als eine Mehrheit von Thieren erscheint, die „Arterien" heißen. In den Arterien ist die vergangene, gestorbene Lunge wieder auferstanden als eine neue Bildung.

§. 108.

Zunächst sind die Anfänge der s. g. Lungenvenen, die die Bedeutung und den Werth der Arterien haben, als die dagewesene, gestorbene, aber wieder von Neuem zur Gestaltung gekommene Lunge anzusehen. Das Lungenthier zeigt sich hier als ein in eine Menge kleiner Thiere zerfallenes, aus denen nach und nach mittelst organischer Durchdringung und Verschmelzung (Synthese) größere Thiere (größere Gefäße) werden, bis endlich ein großes, sie alle verschlingend, in die Wirklichkeit tritt, und „Lungenvene" heißt. Dieses Lungenvenenthier entspricht im venösen System der Hohlvene (§. 147.), indem sie das fürs arterielle System ist, was jene fürs venöse darstellt.

§. 109.

Bei der Bildung der Lungenvene bleibt es noch nicht. Es kommen in Folge derselben noch höhere Bildungen zum Vorschein, die als Aorta, und endlich als linkes Herz erscheinen, und in welchen das Höchste, wozu es in diesem System kommen kann, erreicht ist. Von hier aus geht es nun wieder abwärts in einer Unzahl neuerer Bildungen, deren Entstehungsgrund in den vorhergehenden liegt. Denn da in der Lunge kein Stillstand des Werdens, und folglich auch keiner des Vergehens ist (§. 89.), so kann er auch in ihren Abkömmlingen nicht Statt haben. Daher sind auch Lungenvene, Aorta ꝛc. nur im steten Werden und Wiedervergehen etwas Wirkliches, was sich schon in dem fortwährenden Zu- und Ausströmen des arteriellen Bluts ausspricht.

§. 110.

Auf dieser Wiederkehr der flüchtigen Zeitlichkeit in dem aus der Lunge Gewordenen (Lungenvenen, Aorta), auf dieser die stete Selbstzernichtung hervorrufenden steten Selbsterzeugung derselben, beruht nun die ganze fernere Entwickelung des arteriellen Systems. Lungenvenen wie Aorta sind nur, in sofern sie immer wieder nicht sind. In jedem Nu der Zeit wird das arterielle Blut, erstarrend, zu ihnen, und in jedem Nu zerfließen sie wieder zu Blut, so daß ihr flüssiger Inhalt wenigstens einem Theile nach ihr eigenes, zerflossenes, gestorbenes Selbst ist, das als ein ihnen Gleichnamiges (Koth) von ihnen abgestoßen wird, indeß der andere Theil der nicht zu ihrer Selbsterzeugung und Neuwerdung gebrauchte Lungenauswurf ist. So daß die Lungenvenen die gestorbene, dagewesene Lunge, die Aorta aber schon ein anderes, nehmlich neben der gestorbenen Lunge auch noch die verflüssigte, gestorbene Lungenvene zur Neuwerdung und Selbsterzeugung erhält.

§. 111.

Dieser in der Verfestung sich darstellenden Aortenselbsterzeugung geht nun die Selbstzernichtung im Verflüssigen (wie bei Lunge und Lungenvenen) parallel. Das Blut, welches die Aorta als Auswurf von sich läßt, ist sie demnach einem großen Theile nach selbst: verflüssigt, gestorben; eine Gleichnamigkeit, welche die Aorta bestimmt, es von sich zu entfernen (auszukothen). Daß auch dieser Aortenauswurf, vermöge seiner lebendigen Abstammung, sich schon sogleich beim Werden eigenthümlich gestalte und organisire, ist natürlich. Solche Gestaltungen erscheinen uns in den verschiedenen s. g. Verzweigungen der Aorta, die von dem leben, was früher Lunge, Lungenvenen und Aorta war. So daß Eins das Andere voraussetzt, daß Vorhergehende dem Nachfolgenden das Entstehen und Bestehen möglich macht.

§. 112.

Auf diese Weise geht es nun das ganze arterielle System entlang. Alle seine Verzweigungen müssen auf diese Weise entstanden und bestehend gedacht werden. Ueberall wird hier aus dem Ebengestorbenen, Vergangenen wieder ein Neues lebendig. Jede Arterie bildet ein besonderes Thier, das mit seinem Maule an den After des zunächst vorhergehenden angewachsen, den Koth desselben aufnimmt, aneignet, in sich verwandelt, und wieder kothend dem folgenden, eben so mit ihm verbundenen in seinem eigenen Auswurf die Neuwerdungsmittel reicht. So geht es nun fort. Das Zerfallen der größeren Gefäßthiere (Aorta ꝛc.) in kleinere wird immer häufiger, bis sie endlich ganz aufhören und in Organe sich verwandeln, oder, wie es sich bei unseren folgenden Betrachtungen zeigen wird, in den Darm sich verwandeln.

§. 113.

So endet also das arterielle System wie es begonnen. Es begann mit Mannigfaltigkeit aus der Einheit, und entstand durch Zerfallen und Auseinanderweichen des einigen Lungenthiers in kleinere Thiere. Diese traten wieder zusammen zu einer mächtigen, großen, einigen Bildung, die wieder zerfiel, zu kleineren Thieren auseinanderwich, und endlich nach Erringung der größten Mannigfaltigkeit („Verzweigung") wieder zu einer Einheit, zu Darm, oder den anderen Organen zusammen fließt.

§. 114.

Ein Gleichzeitiges dieser Art und Weise des Arterienwerdens und Bestehens ist nun nothwendig dieses, daß das Blut nie dasselbe, sondern auf jedem Punkt ein anderes sey, und keineswegs ohne stete innere Veränderung und Umbildung (Metamorphose) von der Lunge aus zu den Gränzen des Gefäßsystemes gebracht werde. Denn das arterielle Blut ist ja überhaupt nur, in sofern Lunge, Lungenvenen, Aorta und alle Arterien immer vergehend zu Blut werden, zu Blut zerfließen, eben so wie diese nur sind, in sofern das Blut immer zu ihnen wird. Das Blutseyn ist daher nur durch stetes Nichtseyn der Gefäße, und das Gefäßseyn nur durch stetes Nichtseyn des Bluts möglich. (Vergl. §. 83.)

§. 115.

Hieraus folgt nun, daß es keinen „Blutlauf," noch vielweniger einen „Blutkreislauf" (Cirkulation), daß es keine eigentliche Fortbewegung des Bluts geben könne; sondern daß die scheinbare Ortsbewegung desselben nichts weiter sey, als das Auf- und Abwogen eines Seyns und Nichtseyns, seines durch den Rückgang (Tod) der Gefäße bedingten Entstehens (Lebensprozeß im Blut — Todesprozeß im Gefäß) und seines durch die Gefäßfortbildung bedingten Vergehens (Todesprozeß im Blut — Lebensprozeß im Gefäß). Das Blut wird immer und vergeht immer, und diese beiden sich hier durchdringenden

Momente begründen das, was als Blutbewegung erscheint. Das Blut läuft, kreiset (cirkulirt) daher nicht, sondern es wandelt, d. h. es bewegt sich nur in und durch stete Verwandlung: immer zu Gefäßen (und Organen) erstarrend, und immer wieder aus sich verflüssigenden Gefäßen (und Organen) hervorgehend. Das gegenwärtige Blut ist also in jedem Augenblick Vergangenes und Zukünftiges (als Blut Sterbendes und als Gefäß oder Organ wieder Auflebendes), es hat gar nicht so viel Zeit, um wieder dahin zu gelangen, woher es gekommen.

§. 116.

Hienach erscheint uns das arterielle System als eine nach der Längendimension hin sich verwirklichende, innerlich entzweiete Thiergliederung, als ein festflüssiger Thiermagnet, dessen Pole hier im Lebens- und Todesprozeß erscheinen. Der Lebenspol liegt in der Lunge: die Lunge selbst ist die Zukunft, ist das, was künftig artielles System seyn wird, daher gestaltet es sich aus der Lunge heraus. Der Todespol liegt im Darm (oder den anderen Organen), der Darm selbst ist die Vergangenheit des arteriellen Systems, daher entstaltet es sich in den Darm hinein. Die Lunge stirbt, der Darm wird lebendig, den Uebergang dieser Gegensätze in einander macht das arterielle System: der Tod treibt hier das Leben vor sich hin; ein Treiben, das sich zu Arteriensystem verkörpert. Aber das Ganze ist nur Anderswerdung (Metamorphose.) Die Lunge erscheint hier als ein Schmetterling, der Eyer legend das arterielle System gebiert; die Eyer entwickeln sich an die Speise kommend zur Raupe, zum Darm. Nur mit dem Unterschied, daß dieser Schmetterling

terling fortwährend Eyer legt, die ohne Aufhören zur Raupe sich entwickeln.

§. 116.

Die der Lunge näheren Gefäße liefern nehmlich rückbildend, sterbend, den nachfolgenden der Lunge ferneren das lebendigende Neuwerdungsmittel, so daß hier also der Tod des einen das Belebende des anderen ist. Unverkennbar tritt hier das Analogon der Spannungsreihe von + und — V, des Volta'schen Halbleiters und von Nord und Süd des Magnets auf. Wie in letzteren auf allen Punkten der Reihe + und — V, Nord und Süd ist, so ist hier auf allen Punkten der ganzen Gefäßverzweigung Tod und Leben zugleich da: wo das Blut stirbt, wird Gefäß, und wo das Gefäß stirbt, wird Blut. Daß dieß nun auch eben solchen Zug (Anziehung) wie bei den galvanischen und magnetischen Polen hervorrufe, ist klar, und folgt nothwendig aus dem Gegensatz, nur verwirklicht er sich hier auf eine thierische Weise zwischen thierisch-verkörperten Gegensätzen: Blut und Gefäß, die wie wahre Gegensätze nur durcheinander sind.

§. 117.

Wenn daher das Arteriensystem der Lungen-Darmrichtung, oder überhaupt der Richtung von der Lunge abwärts folgt, so ist der Grund davon diese innere polare Entzweiung (Vergehen und Werden, Tod und Leben), die mit dem Lungensterben beginnt, und mit dem Darmlebendigwerden endet. Da nun das Rückbildungserzeugniß der Lunge die Lunge selbst ist, nur gestorben, so ist es der gleichzeitig neu gewordenen Lunge gleichnamig (verhält sich zu ihr, wie + : +) und wird daher = Koth von derselben abgestoßen; gegentheils ist es aber den Lungenvenen ungleichnamig (verhält sich zu ihnen, wie + : −), und wird daher = Nahrung von diesen angezogen. Da nun ferner das Rückbildungserzeugniß der Lungenvenen diese selbst sind, nur verflüssigt, gestorben, so ist der Lungenveneninhalt dem Enthaltenden (der Wandung) gleichnamig, wird demnach gleichfalls als Auswurf abgestoßen; dagegen von der Aorta, dessen Zukünftigkeit es darstellt, = Neuwerdungsmittel angezogen und begierig aufgefangen. Mit der Aorta und deren Verzweigungen verhält es sich nun eben so, so daß das ganze Gefäßsystem entlang eine fortwährende Polerregung und Poltilgung wie beim Voltaismus wirklich geworden, und das Lungenblut eben so wenig zum Darm kommt, als der am Silber freiwerdende Sauerstoff zum Zink, oder der am Zink freiwerdende Wasserstoff zum Silber; sondern wie diese beide nur durch Wandlung zu dem entsprechenden Pol wandeln (indem den ganzen Halbleiter entlang die Wasserzersetzung erfolgt), eben so gelangt auch das Lungenblut nur durch Wandlung, durch Metamorphose, die uns verkörpert, beharrlicht im Gefäßsystem erscheint, zum Darm. — Hieraus sieht man, welche tiefe Ahnung Ritter vom Leben hatte, als er den Ausspruch that, daß „ein steter Galvanismus den Lebensprozeß begleite.“ — Wir können dem großen Denker nur beipflichten, jedoch mit dem Unterschiede, daß wir es so ausdrücken und sagen: „der Galvanismus begleite nicht den Lebensprozeß, sondern der Lebensprozeß sey ein Galvanismus zwischen thierisch-lebendigen Faktoren,“ oder: das Thierleben verwirkliche sich auf eine dem Polarverhältniß des Galvanismus ähnliche Weise. So bewahren wir uns vor der Einseitigkeit, das Gleichbedeutende mit dem Gleichen zu verwechseln.

§. 118.

Diese der Würde und dem Wesen des Thierlebens entsprechende Ansicht vom s. g. Blutlauf, hat uns nun das wichtige Resultat gegeben, daß wir des Herzens ganz und gar nicht bedürfen, um die (scheinbare) Ortsbewegung des Bluts erklärlich zu finden. Ja es war die Aufgabe, die Blutbewegung ohne Mithülfe des Herzens als möglich und wirklich nachzuweisen. Diese Nachweisung ist uns, wie wir hoffen, in dem Obigen gelungen, aus welchem ganz ungezwungen hervorgeht, daß das Herz, welches so lange den Dienst einer „Blutsprütze" versehen mußte, für die aus innern Gründen hervorgehende Bewegigkeit des Bluts als Hülfsmittel völlig entbehrlich sey. — Man muß wirklich erstaunen, wie die mechanisch-teleologischen Ansichten: daß das Herz sich ausdehne und zusammenziehe, um das aus der Lunge kommende arterielle Blut durch die Arterien hindurch in den Leib zu stoßen*); daß das Blut bloßer (und specifischer) Reiz für das Herz sey, wodurch es angeregt werde, sich gleichsam für die anderen Organe abzuarbeiten — sich so lange erhalten konnte. Derlei giebt es nirgend im lebendigen Thierleib. Ein jedwedes Organenthier arbeitet nur für sich, alle seine Handlungen sind nur auf die eigene Selbsterhaltung gerichtet, keineswegs aber auf die anderen Organenthiere, daß diese auch Nutzen davon haben, ist nur (unwillkührliche, unbeabsichtigte) Folge, nicht Grund und Ursache. Und eben so verhält es sich mit dem Herzen.

§. 119.

Hätte man sich nur ernstlich die Frage aufgeworfen und beantwortet, worauf sich denn überhaupt das Daseyn eines Herzens gründe, welche Organe die Ent-

*) Hier kann zunächst nur vom linken Herzen geredet werden.

stehung des Herzens als vorher daseyend voraussetze, so würde man eine thiergemäßere Ansicht vom Herzen erhalten haben. Es giebt in niederen Thieren (z. B. den gegliederten Würmern) Athemorgan und Gefäße ohne eigentliches Herz. Jene können ohne dieses bestehen. Dagegen bemerken wir, daß, je ausgebildeter und selbstständiger Athemorgane und Gefäße geworden sind, desto vollkommener auch die Herzausbildung sey. So kommt bei Vögeln und Säugethieren, die unstreitig die vollkommensten Athemorgane haben, auch erst das ausgebildeteste, aus zwei antagonisirenden Hälften bestehende Herz (das linke und rechte Herz) zum Vorschein. Beweis genug, daß das Herz, und zwar zunächst das linke, vom Athemorgan abhängig sey, und = dem Arteriensystem seine Urentstehung der Lunge verdanke.

Anmerk. Das Verhältniß von Arteriensystem zu Lunge und von Herz zu Lunge im Foetus (wo es gerade umgekehrt ist) kann kein Einwurf seyn gegen diese Ansicht, die es zunächst mit der Urentstehung (generatione originaria) derselben zu thun hat; indem die Generatio secundaria (durch Begattung) nichts weiter als ein Forterben und Fortwachsen des bereits Entstandenen ist. Wenn daher im Foetus manches sich geradezu umgekehrt verhält, als wir es im gebornen Thiere finden (von welchem wir hier, als durch Urzeugung entstanden, sprechen), so folgt nur daraus für uns, daß künftig noch zu zeigen sey, wie diese Umkehrung durch Begattungszeugung geschehe. (Vergl. §. 187.)

§. 120.

Die Lunge trägt durch ihren Todesprozeß das arterielle System, und dieses macht die Herzentstehung möglich, welche mit der Entsteh- und Bestehweise der Lungenvene und der Aorta zusammen fällt. Man kann nehmlich nach Allem, was die Entwickelungsgeschichte des Herzens in der Thierreihe darbietet, im linken Herzen nichts weiter erkennen, als eine thierische, d. i.

fleischige oder muskulös gewordene Aorta, und umgekehrt in der Aorta nichts weiter als ein Herz, in welchem es noch nicht zur Fleisch- oder Muskelbildung gekommen ist. Solche Herzen haben die meisten Crustaceen, wo es, länglich und gefäßähnlich, sich von einem Ende des Körpers zum anderen erstreckt. Hier ist die Bildung des wirklichen, linken Herzens noch mit der Aorta verschmolzen. Aber so wie man in der Thierreihe höher hinauf steigt, so sieht man durch ein Stärker- und Fleischiger- (ein Herzähnlich-) Werden der Aorta das linke Herz sich gestalten, wie auch selbst schon bei einigen Crustaceen, z. B. bei den eigentlichen Krebsen, die Aorta sich zu einer eyförmigen, herzähnlichen Höhle zusammen zieht.

§. 121.

Wenn nun das linke Herz eine höher entwickelte Aorta ist, so fällt dessen Werden und Bestehen mit dem der Aorta zusammen, und wenn ferner diese eine Folge der Rückbildung oder des Vergehens der Lungenvenen ist, so wird man auch das Herz als eine solche zu betrachten haben. Nun haben aber die Lungenvenen den Grund ihres Bestehens in dem Todesprozeß der Lunge, folglich liegt der Hauptgrund des Herz-Entstehens und Bestehens in der Lunge oder dem Athemorgan überhaupt, und wir müssen vom linken Herzen behaupten, daß es ein Thier sey, welches von den Rückbildungserzeugnissen der Lunge und der Lungenvenen fortwährend sich ernähre und dadurch bestehe.

§. 122.

Wenn es sich um eine Genesis des Herzens handelt, so kann der foetale Zustand desselben nicht zur Richtschnur dienen, denn die Urentstehung des Herzens, die keine foetale gewesen seyn kann, war eine so durch die Lunge bedingte, wie das Bestehen desselben beim gebornen Thier ein durch die Lunge bedingtes und gesetztes ist. Luft, Lunge, Lungenvenen, Herz, Aorta ... bilden eine fortlaufende Reihe, in welcher jedes Glied sein zunächst vorhergehendes, um zu werden und zu seyn, voraussetzt.

§. 123.

Aus dieser Beziehung des Herzens zur Lunge wird es nun möglich, das Wesen und die Bedeutung der s. g. Function des linken Herzens zu geben. Das linke Herz ist, nächst der Lunge, eines der thätigsten, unruhigsten, üppigsten Thiere im Thier. Es schwelgt gleichsam, und lebt im größten Ueberfluß. Denn da die Lunge fortwährend neu wird, und diesem entsprechend auch fortwährend vergeht, also fortwährend arterielles Blut, die eigentliche Herznahrung erzeugt und ausleert, so hat das Herz nie Mangel, und es ist auch wirklich immerfort beschäftigt, die ihm von der Lunge dargebotene Nahrung, behufs seiner Neuwerdung (Fortbildung) in sich aufzunehmen und sich gleich zu machen (in Herz zu verwandeln). Daher ist das Herz in einem immerwährenden Schlürfen und Schlucken begriffen. Eine Handlung des Herzens, die Diastole heißt, in welcher es sich erweitert und das arterielle Lungenblut in seine Höhlung aufnimmt. Sie entspricht dem Lufteinathmen und dem Bluteinsaugen der Lunge (§. 87 und 88.). Diesem fortwährenden Blutschlucken und dem Zuherzwerden desselben steht nun nothwendig, weil sich sonst das Herz bei der Fülle von Nahrung, die es bekommt, ins Unendliche vergrößern würde, eine andere Lebensverrichtung gegenüber, die dem Ausluften und Ausbluten der Lunge (§. 90. 91.) entspricht und hier Systole heißt. In der Systole wird ein Theil des nicht zur Neuwerdung (Ernährung) des Herzens verbrauchten Bluts, nebst einem anderen Theil, der das zurückgebildete, dagewesene, gestorbene Herz in flüssiger Gestalt ist (Herzkoth), ausgeleert, und dient nun, von der Aorta begierig aufgefangen, dieser zur Ernährung oder Neuwerdung. — Dem immerwährenden Blutschlucken, Blutfressen (Diastole) steht sonach ein immerwährendes Blutausleeren, Blutkothen (Systole) gegenüber.

§. 124.

Diese Deutung des Herzlebens (der s. g. Herzfunktion) folgt als nothwendig aus unserer ganzen Darstellung der Thierlebensform. Die Bemühungen, den Ungrund dieser Deutung zu beweisen, müssen demnach zunächst auf die, in der Thierlebensform sich verwirklichende Zeitlichkeit gerichtet seyn; fällt diese als unrichtig ins Nichts zurück, so fällt auch jene.

§. 125.

Wir gehen weiter. Die Pulsation des Herzens ist sonach nichts weiter, als der Ingestions- und Egestionsakt des Herzthiers: sein Fressen einerseits und sein Kothen andererseits, die im nie aufhörenden Wechsel sich folgen und drängen, wie die Zukunft der Vergangenheit. Zwischen beiden liegt die Herzgegenwart, sein Bestand. Am Herzen, dem begierigsten, gefräßigsten Vampir, tritt es so recht deutlich in die Erscheinung, was wir bei jedem Organenthier geltend machen müssen, daß die scheinbar so mannigfaltigen Lebensprozesse derselben durchgehends zurückzuführen seyen auf das selbstische Streben der Selbsterhaltung, auf das Fressen und Kothen. Das Thier kann in seinen

Theilen (Organen) nicht anders handeln als im Ganzen, welches ja eben die Einheit dieser Theile ist.

§. 126.

Die mechanisch-teleologische Ansicht vom Herzen muß nun nothwendig zerfallen. Die Pulsation des Herzens hat nichts mit der Circulation des Bluts zu thun (die in dem Sinne, wie die, welche das Herz zur Blutsprütze machen, meinen, ja gar nicht vorhanden ist); wenigstens pulsirt das Herz nicht, um das Blut fortzustoßen und durch die Gefäße hindurch in die Organe zu treiben. Diese Wirkung, die für eine kleine Strecke allerdings da ist, ist nur zufällige Folge der Bewegungen, welche das Herz um seines eigenen Selbst willen macht, da es ja nur ist, in sofern es immer Blut schluckt (sich ausdehnt) und gleichzeitig wieder Blut spuckt (sich zusammenzieht). Daß in Folge dieser Bewegungen nur Aorta und die anderen Blutgefäße ihre Neuwerdungsmittel (Blut) bekommen, kann daher nicht Zweck des Herzdaseyns seyn; wenigstens beabsichtigt es nur seine Existenz, nicht die der Gefäße rc.

§. 127.

Diese Gefäßthiere, namentlich die Aorta, haben nun vorzugsweise ihr Bestehen durch das, für das Herz bereits Nutzlosgewordene und darum Ausgestoßene. Dieses enthält aber das zurückgebildete, dagewesene, bereits wieder zu Blut zerflossene Herz, das nun aus der Gestaltlosigkeit wieder zur Gestaltung kommt und als Aorta erscheint, in welcher das Herz seine Auferstehung feiert. Hiedurch erbet nun nothwendig die Herzlebendigkeit und Gefräßigkeit auch auf die Aorta, und da die Aorta, wie das Herz nur durch Vergehen besteht, wodurch wieder die anderen Gefäße

Werdungs- und Bestehmittel erhalten, auch auf diese fort, die in dem s. g. Puls das Blutschlucken und Blutkothen des Herzens auf ihre Weise wiederholen. Gleichwie die Weise des Seyns und des Lebens der Aeltern dem Kinde eingezeugt wird (Forterben von Gesundheit und Krankheit), so erben alle Abkömmlinge des Herzens die Eigenthümlichkeit seiner Lebensäußerung. Es ist ein organisches, ein leiblich-geistiges Uebergehen der Herzbewegigkeit auf die Gefäße, keineswegs aber die mechanische Fortpflanzung eines Stoßes vom Herzen aus. Die Arterien sind ja dem Stoff nach das gewesene Herz (§. 123.), darum müssen sie es auch dem Leben nach seyn, denn beide sind untrennbar. Es ist unbegreiflich, wie man nur so etwas von Fortpflanzung eines Stoßes bis in die feinsten Verzweigungen hinein behaupten kann, zum allerwenigsten müßten die Gefäße dann viel derber fester und (= Saiten) straffer gespannt seyn, um es nur möglich zu finden.

§. 128.

Die Ansicht, welche das Herz zu dem arteriellen Blut wie ein Aeußeres, Fortstoßendes setzt, und dieses zum Herzen wie ein bloß zur Thätigkeit Anregendes („Reiz"), ist die Nachweisung schuldig geblieben, wodurch dieses mächtige „Treibwerk" in den Stand gesetzt werde, ohne Unterlaß die großen Kraftäußerungen zu leisten, die zum Forttreiben des Bluts erforderlich sind; mit einem Wort, man hat nicht gezeigt, wovon das Herz lebt und sich nährt, um seine s. g. Funktionen vollbringen zu können. Die coronariae cordis sollen dieß nach der allgemeinen Meinung thun. Dieß ist aber schier unmöglich: 1) sind sie von zu geringer Bedeutung, um den materiellen Verbrauch des nie ruhenden Herzthiers nur einigermaßen herbei zu schaffen, und 2) verhalten sie sich zum Herzen gerade so, wie die art. bronchiales zur Lunge, ihm (aus der Aorta entspringend) den eigenen Auswurf zuführend. Kein Thier kann aber von seinem eigenen Koth leben. — Die art. coronariae müssen demnach eine andere, untergeordnetere Bedeutung, als die der Ernährung des ganzen Herzens haben. Sie ernähren, wie alle Arterien, allerdings etwas, aber in Bezug auf das Herz nur vorzugsweise den peripherischen Theil desselben, den sie durch ihre s. g. Verzweigung ja mitbilden helfen; so daß das Herz hienach als ein aus zwei Thieren bestehendes zu betrachten ist, deren eines (die innere Höhlung) vom Lungenauswurf, deren anderes (der Umfang) vom Auswurf jenes Höhlenthiers lebt, die sich nun beide zu einer Einheit, zum Herzen selbst (= Doppelthier) durchdrungen haben.

§. 129.

Mit der Widerlegung der mechanischen Ansicht von der Herzlebendigkeit sind wir nun vielleicht so glücklich, in den Stand gesetzt zu seyn, den besonderen Bildungen im Herzen, die offenbar auf die Blutaneignungen Bezug haben, eine andere, als bloß mechanische Bedeutung abzugewinnen.

§. 130.

Denken wir uns einmal das Herz in dem Zustande freier Ungebundenheit, d. h. sowohl außer Verbindung mit der Lunge durch die Lungenvenen, als auch außer Verbindung mit der Aorta, so erscheint es uns als ein Thier, das überall von Feuchtigkeit umgeben ist, wie ein Fisch, nur mit dem Unterschiede, daß die Hauptmasse des Flüssigen, welches statt des lufthaltigen Erdwassers (Meer) eingelufretes Thierwasser (arterielles Blut) ist, nicht außerhalb sich befindet, sondern in sein Inneres geht, und hier die Beziehungen zum Herzen hat, wie dort das Wasser zum Fisch. Ein Vergleich, der uns nun in den s. g. Klappen u. s. w. des Herzens etwas ganz anderes als bloße Ventile und den Rücktritt des Bluts mechanisch verhindernde Bildungen sehen läßt. Die Klappen sind das für das Herzinnere, was die Kiemen für das Fischäußere sind: kiemenartige Bildungen dieses Thiers, dessen Maul der Lungenvenensack, dessen Bauch (Leib) die Herzkammer, sehr sinnig schon Ventriculus genannt, vorstellt, indeß das ostium arteriosum den After des Herzens bedeutet. Mag dieser Vergleich auch gewagt, ja ganz unrichtig seyn, so wollen wir ihn dennoch nicht zurückhalten, um dadurch vielleicht die Auffindung der wahren Bedeutung, die keine mechanisch-teleologische seyn kann, etwas zu erleichtern. Daß die Klappen den Rücktritt des Bluts verhindern, leidet keinen Zweifel, dieß aber für den Grund ihres Daseyns zu nehmen, ist eben so, als wenn man behauptet, am Meerufer thürmten sich Sandschollen auf, um das Wasser in seinen Grenzen zu erhalten, wenn dieß gleich eine Folge davon ist.

§. 131.

Ueberschauen wir nun noch einmal das Arteriensystem in seiner Ganzheit, wie es zwischen Lunge und Darm als das Vermittelnde auftritt, so erscheint es uns als ein Thier, dessen Maul mit der Lunge, dessen After mit dem Darm verwachsen ist; und stellen wir uns noch einmal die bereits erkannte, immerwährende Metamorphose in demselben recht lebhaft vor den Sinn, so ist die Wesenheit dieser Metamorphose nicht deutlicher zu bezeichnen, als daß wir sagen: „sie sey die unaufhörliche Verwandlung des Mauls dieses Thiers (des lungigen Anfangs) in den After desselben (in das darmige Ende); wodurch demnach die obige Definition der Wissenschaft des Thiers (§. 39.), die mit der Wissenschaft des Organs nothwendig einerlei (identisch) ist, einen wirklichen (realen) Inhalt erhält.

§. 132.

Endlich drängt sich uns hier nun noch eine für die Entwickelungsgeschichte der nicht zunächst zum reproduktiven System gehörenden Organe, sehr wichtige Betrachtung auf. Es fragt sich nehmlich, ob das Zerfallen der Lunge in Arterien ein identisches Zerfallen sey? oder mit anderen Worten: ob die verschiedenen arteriellen Gefäßverzweigungen sich völlig gleich seyen, und ob sie einerlei arterielles Blut führen? Diese, von der mechanischen Ansicht stets bejaheten Fragen müssen wir durchaus verneinen und behaupten, daß hier eine große Verschiedenheit obwalte, und daß jedes Arteriengefäß ein anderes eigenthümliches Blut führe. Dieß folgt zunächst nothwendig aus dem Verzweigtseyn des arteriellen Systems selbst. Diejenigen, die alle Arterien gleich setzen, haben nicht bedacht: daß das Gleiche sich dem Gleichen nicht als ein Verschiedenes, Räumlichgetrenntes gegenüber stellen könne, sondern, daß eben dieses Scheiden, Zerfallen oder Verzweigen nur durch Gegensatz, also durch Ungleichseyn, durch Verschiedenheit möglich geworden. Sobald zwei Arterien völlig gleich *) sind, können sie nicht neben einander in der Trennung bestehen, diese Gleichheit macht sie zur Einheit, sie verschmelzen zu einem Gefäß.

*) Man verwechsele hier das Gleichseyn nicht mit dem Gleichnamigseyn. — Ein Organ ist sich nur selbst gleich; seinem Koth aber ist es gleichnamig.

§. 133.

Wenn nun also die mannigfaltige Verzweigung des arteriellen Systems der überzeugendste Beweis von der Verschiedenheit der Arterien nebst Inhalt untereinander ist, so fragt es sich, was denn der Grund dieser in der Verzweigung sich kundgebenden Verschiedenheit sey, und wodurch das arterielle System, das doch aus einem einigen Organenthier, der Lunge, stammt, bestimmt werde, in eine solche Vielheit von Organenthieren zu zerfallen, die uns in den verschiedenen Arterien nicht nur, sondern in allen, dem ganzen Organismus wesentlichen Gebilden entgegentreten? — Hier muß der Grund in der Lunge selbst gesucht werden, und wirklich finden wir ihn aufs klarste in der Entstehungsweise der Lunge selbst angedeutet.

§. 134.

Uns ist bisher die Lunge als ein Thier erschienen, das vom gestorbenen Darm und Luft lebt, gleichwie der Darm als ein Thier erschien, das von der gestorbenen Lunge und der Speise rc. lebte. Ein Verhältniß, das bei jedem höheren Organismus, der im strengsten Sinne nur durch Lunge und Darm sein Bestehen fristet, sich wiederfindet, jedoch mit dem Unterschiede, daß die gestorbene Lunge und der gestorbene Darm, ehe sie zu einander werden, eine Menge von Zwischenbildungen durchlaufen. Diese Zwischenbildungen kommen zuerst in den Gefäßen (Arterien und Venen) zur Erscheinung, später in mächtigeren Bildungen, namentlich zunächst in der Leber, die als die Pforte zu betrachten ist, wodurch sowohl der zur Lunge wollende Darm, als auch die zum Darm wollende Lunge, gleichsam passiren müßten (§. 194.), so daß nach dem Entstandenseyn der Leber nur das eine der Darmrückbildungserzeugnisse: das Milchsaftsystem direkt zur Lunge geht, dagegen das andere: das Darmvenensystem, erst die Lebermetamorphose zu durchlaufen hat, ehe es der Lunge als Neuwerdungsmittel (Lebervenen) zukommt. Dasselbe ereignet sich zwischen Lunge und Darm. Nicht alles, was ihm von der Lunge behufs seiner Erneuerung zukommt, geht geradezu zu ihm, sondern nur ein Theil (die Darmarterien); der andere wird auch erst Leber, und erscheint nach dem Lebergewesenseyn als Galle, die als der Lungentheil der zerfallenen Leber betrachtet werden muß. (Vergl. §. 203.)

§. 135.

Diese Differenzen, welche durch das Wirklichwerden der Leber in die Erscheinung treten, sind nun der Grund der, als Verzweigung sich darstellenden Zerfallung des arteriellen Systems nicht nur, sondern auch der ganzen ferneren Entwickelung des Organismus, wovon das Arterienverzweigen der Vorbote ist. Die Lunge bekommt nehmlich außer dem gestorbenen Darm (Milchsaftsystem) auch die gestorbene Leber (Lebervenen) zur Neuwerdung; Umstände, die uns auffordern zu behaupten, daß dieser Weise des **Werdens** eine entsprechende Weise des **Vergehens** gegenüber stehe, wie wir dieß bereits beim Darm (§. 100.) erkannten und bei der Leber erkennen werden (§. 106.). — Wenn wir daher früher (§. 89.), wo die Lunge nur in ihren **allgemeinen** Werdungs- und Vergehungsmomenten aufgefaßt werden konnte, das Resultat erhielten, daß **ihrem Werden aus Luft und Blut ein Vergehen zu Luft und Blut** gegenüberstehe, so ist dieß jetzt, wo wir die Leber vorgreifend mit in den Kreis unserer Betrachtungen gezogen, **bestimmter** so auszudrücken, indem wir sagen: daß ihrem **Werden** aus Darm und Leber (aus weißem und schwarzen Blut) ein **Vergehen** zu Darm und Leber gegenüberstehe.

§. 136.

Da nun das Lungewerden aus Darm und Leber sich in den beiden Gefäßsystemen (Milchsaft- und Venensystem) verkörpert hat, so fragt sich, ob dasselbe nicht mit dem Zudarm- und Zuleberwerden der Lunge geschehen sey? Die Antwort ist nicht schwer, indem uns die Verkörperung dieser beiden Vergehungsmomente in den **Verzweigungen** des arteriellen Systems entgegen tritt. Der Grund dieser Verzweigungen muß daher in der Lunge gesucht werden. Das Arteriensystem ist sonach darum eine **zerfallene Einheit** (ein Verzweigtes), weil die Lunge, seine Mutter, eine **Einheit von Zerfallungen** (zunächst des Darms und der Leber) ist.

§. 137.

Es ist nun zu untersuchen, welche Bedeutung die Verzweigungen des arteriellen Systems haben. Da die Lunge zunächst aus Darm, Leber und Luft wird, und wieder in diese zerfällt, (§. 135.) so wird es zwei Verzweigungen des arteriellen Systems geben, wovon die eine den lungegewesenen Darm, die andere die lungegewesene Leber enthält, und eine dritte wird noch vorhanden seyn, die, da die Lunge durch Luft erst eigentliche Lunge wird, den Darm und die Leber im vorwaltend gelufteten Zustand enthält; wir möchten ihn Lunge gewesene Lunge nennen, so daß also die Lunge ihrer Werdung entsprechend in drei Theile zerfällt; 1) in den **darmigen Lungentheil**; 2) in den **lebrigen Lungentheil** und 3) in den **lungigen Lungentheil**.

§. 138.

In welchen Gefäßverzweigungen befinden sich nun diese drei Lungenzerfallungen? Diese Frage werden die allgemeinen Gesetze des Gegensatzes, nach welchen nur das Ungleichnamige sich zieht und zueinander geht, das Gleichnamige dagegen sich flieht und von einander weicht, beantworten. Nach diesen ist es klar, daß der darmige Lungentheil nicht wieder zum Darm und der lebrige Lungentheil nicht wieder zur Leber zurückkehren kann, (wenn es geschähe, so würden ja diese Thiere von ihrem eignen Koth leben, was unmöglich ist (§. 68.); woraus folgt, daß durch die Darmarterien nicht der darmige, sondern entweder der lebrige oder der lungige Lungentheil in den Darm, und durch die Leberarterie nicht der lebrige, sondern entweder der darmige oder der lungige Lungentheil in die Leber eingehe.

§. 139.

Welche von beiden sind es aber nun? Bei der künftigen Betrachtung der Leber (§. 194.) werden wir finden, daß schon ein wichtiger Theil des Darms, nehmlich das Darmvenen= (Pfortader=) System in die Leber wandelt; daher ist nicht anzunehmen, daß der Darm zum zweiten Mal (durch die Lungenmetamorphose hindurch) in die Leber wandeln sollte, woraus folgt, daß das Arterienblut, welches mit der Leberarterie zur Leber gelangt, weder der lebrige noch darmige, sondern der lungige Lungentheil der zerfallenen Lunge sey.

§. 140.

Daß der darmige Lungentheil nicht in den Darm gehen könne, haben wir bereits erkannt, (§. 138.) es handelt sich jetzt nur noch darum um auszumitteln, ob der lebrige hieher wandle. Die Leber hat, wie wir

später

später (§. 194.) einsehen werden, dem Darm nicht minder als der Lunge ihr Bestehen zu danken, eben so wie Darm und Lunge (in Galle und Venenblut) wieder von der Leber die Neuwerdungsmittel erhalten. Da nun die Leber schon als Galle in den Darm fließt und zu Darm wird, so ist gleichfalls nicht anzunehmen, daß die Leber zum zweiten Mal (durch die Lungenmetamorphose hindurch) in den Darm wandeln sollte, woraus folgt, daß das Arterienblut, welches mit der Darmarterie zum Darm gelangt, weder der darmige noch der lebrige Lungentheil seyn kann, und es folglich wie bei der Leber der lungige Lungentheil seyn muß, so daß dieser Theil in zwei Theile zerfällt, von welchen der eine der Leber, der andere dem Darm zur Neuwerdung dient.

§. 141.

Diese Folgerungen, wozu Consequenz und Wissenschaft uns berechtigen, würden uns nun zu neuen, noch wichtigeren führen, wenn jetzt schon der Ort wäre, davon ausführlich zu reden, indem nehmlich nun zu beantworten ist, was aus dem darmigen und lebrigen Lungentheil, welche Darm und Leber verschmäheten, werde. Daß beide sich eigenthümlich gestalten müssen, folgt von selbst, wenn man ihre Materialität und Abstammung näher betrachtet; wozu sie sich gestalten, das wird uns die Entwickelungsgeschichte der Milz und des Bauchspeichlers (§. 210.) sehen lassen. In der Milz werden wir nehmlich, nach überzeugenden Gründen, den zu einem Organenthier selbstständig verkörperten darmigen Lungentheil (§. 215.) und im Pancreas den eben so verwirklichten darmigen und lebrigen Lungentheil zu erkennen haben. (§. 220 — 222.).

Die Entstehung des venösen Systems und des rechten Herzens durch den Todesprozeß im Darm.

§. 142.

Die beiden, das Bestehen des Darms begründenden Seiten:

1) das Zudarmwerden der Außenwelt (Speise), der vergangenen Lunge (Arterien) und der vergangenen Leber (Gallgefäße) und

2) das Zuaußenweltwerden (Koth), das Zülungewerden (Chylus) und das Zuleberwerden (Pfortadersystem) des Darms,

haben wir bereits (§. 103.) in so weit betrachtet, als es nöthig war, um das Eigenthümliche in der Bethätigung und Begrenzung dieses Organenthiers einzusehen. Jetzt gilt es die Erzeugnisse seines Sterbens und Vergehens näher ins Auge zu fassen, weil sie die Geburtsstätte einer Menge neuer, eigenthümlicher Bildungen sind.

§. 143.

Der Darm ist so unersättlich und gefräßig wie die Lunge. Er ist, wie diese, in steter Neuwerdung und Selbsterzeugung begriffen, und darum auch in steter Altwerdung und Selbstzernichtung. Der vergangene, gestorbene Darm fließt, wie die Lunge, nach zwei Richtungen wieder auseinander, gerade so wie er von zwei Richtungen her zusammen floß; nehmlich:

1) nach der thierischen Innenwelt,

2) nach der Außenwelt.

§. 141.

In beiden Fälleu verleugnet das darmgewesene Flüssige seine Abkunft von einem, so lange es ist, nie sich selbst zu bilden aufhörenden Thiere nicht, und verwirklich seine angeerbte Bildsamkeit (Plasticität) dadurch, daß es zu drei verschiedenen Gestaltungen gleichsam anschießt. Diese sind

1) das Darmvenensystem

2) das Darmsaugadersystem (Milchsaftsystem)

3) die Verlängerung des Darmkanals selbst; die nichts weiter sind, als der durch den Tod in drei Bestandtheile zerlegte, aber wieder zur selbstständigen Gestaltung, gleichsam durch Auferstehung, zu einem neuen Leben und einem neuen Seyn gelangte Darm; so daß der Tod des Darms als die eigentliche Ursache dieser Entwickelungen zu betrachten ist.

§. 145.

Beginnen wir nun mit der Betrachtuug des Darmvenensystems, so läßt es sich einigermaßen mit dem aus der Lunge hervorsprossenden Arteriensystem vergleichen: da beide Rückbildungserzeugnisse, Todesprodukte, eigenthümlich wieder lebendig und gestaltet sind. Diese Gestaltung erscheint hier im Venengefäß; diese Lebendigung in der Bewegigkeit seines Inhalts. Beide stehen in derselben Beziehung, wie Arterienwandung und Arterienblut: stets zu einander werdend und wieder auseinander hervorgehend. Dieß begründet nun, gerade so wie bei den Arterien, den Venenbestand durch Bestandlosigkeit: durch das immerfort sich wiederholende Anderswerden und Andersseyn, sowohl des Bluts als auch der Wandung. Eine Metamorphose deren Grund schon mit der Venenentstehung aus dem Darm, nothwendig gegeben ist.

§. 146.

Es erscheint uns nehmlich in dem Darmvenensystem eine Mehrheit von Thieren, zu denen ein Theil des gestorbenen Darms wieder lebendig worden. Da nun der

Darm unaufhörlich und immerfort stirbt, (§. 100) so müssen auch eben so oft neue Venenthiere lebendig werden, woraus denn aber auch zugleich nothwendig folgt, daß eben so oft die alten, bereits entstandenen Venenthiere wieder sterben und vergehen. Vorgänge, die wieder neuen Venenthieren das Daseyn geben und fristen; und so fort die ganze Reihe der venösen Thiergliederung entlang, wodurch die s. g. Verzweigungen ent- und bestehen, die nichts weiter als eine Menge mit Maul und After aneinander gewachsener Thiere darstellen.

§. 147.

Zunächst zerfällt der Darm in eine Menge kleiner Venenthiere, (die auf seiner ganzen Fläche sichtbar hervortreten). Aus diesen werden durch organische Durchdringung (Synthese) immer größere Thiere, (größere Gefäße) bis endlich ein groses sie alle verschlingt, das Hohlvene (vena cava inferior) heißt. *) Dieses Gefäßthier entspricht der Lungenvene (§. 108.). Wie die Lungenvene aus den kleineren Gefäßthieren, worin die Lunge sterbend zerfällt, durch neue Verschmelzung (Synthese) hervorgeht, so die Hohlvene hier zunächst aus den venösen Darmthieren.

§. 148.

Bei dieser Bildung bleibt es noch nicht. Die Hohlvene wird der Grund der Entwickelung eines noch höheren Thiers, nehmlich der Lungenarterie die im arte-

*) Da wir hier zunächst mit dem Darm und demjenigen, was aus ihm wird, zu thun haben, so kann hier weder von der Leber noch von den anderen, die vera cava bildenden Organen die Rede seyn. — Wenn wir hier den Darm als Hohlvenenzeugendes setzen, so ist es nur so zu verstehen, daß er einen Hauptantheil daran hat.

riulen System der Aorta entspricht, indem sie sich gerade so zur Lunge verhält, wie die Aorta zum Darm (und zu allen übrigen Organen). Auch muß das rechte Herz als eine höher entwickelte Lungenarterie betrachtet werden, gerade so wie uns im linken eine potenzirte Aorta erschien.

§. 149.

Mit beiden Bildungen ist nun das Höchste im venösen System erreicht. Von hieraus geht es wieder abwärts, und tritt seinen Rückschritt an, zerfallend in eine Unzahl neuerer Gestaltungen, deren Entstehungsursache in den vorhergehenden liegt. Denn da im Darm eben so wenig ein Stillstand des Werdens und Vergehens ist, als in der Lunge, so ist auch keiner in deren Abkömmlingen möglich. Daher sind auch Hohlvene und Lungenarterie nur durch Werden und Wiedersterben etwas Wirklichvorhandenes, was sich hier in der Fortdauer des Zu- und Ausströmens von venösem Blut veranschaulicht.

§. 150.

Im ganzen Venensystem verwirklicht sich demnach eine eben solche Zeitlichkeit des Lebens, wie wir sie bereits im arteriellen (§. 110.) erkannten. Die sich zur Hohlvene sammelnden Darmvenen, die Hohlvene, und die Lungenarterien sind daher nur, in so fern sie stets untergehen, und wieder zu Blut zerfließen, indem dieß gerade ihr Wiederaufgehen und Verfesten aus dem Blut möglich macht. Die zu Blut zerronnenen Darmvenen kommen wieder als Hohlvene zum neuen Leben und neuen Seyn, und diese lebt, kaum gestorben, als Lungenarterie wieder auf. So wälzt es sich fort. Der vergangene Leib des einen Gefäßthiers ist wieder der Zukünftige des andern. Das hier erlöschende Leben ent flammt sich dort wieder von neuem. Eine Leib- und Seelenwanderung geht hier, wie überall, durch die thierische Organisation.

§. 151.

Endlich erleidet die Lungenarterie, nach mehreren Verwandlungen, denselben Tod wie ihn die Aorta erlitt, sie hört, zerfallend in eine Menge kleinerer Gefäßthiere, am Ende ganz auf, und wird durch Einigung mit der Luft zur Lunge.

§. 152.

Anfang und Ende sind sich demnach hier eben so entsprechend, wie beim Arteriensystem. Das Venensystem beginnt wie dieses mit einer Vielheit von Thieren aus der Darmindifferenz, und endet eben so mit einer Vielheit von Thieren (Verzweigung bis zum Unsichtbarwerden) in die Lungenindifferenz. Den Durchgangspunkt von einem Pol der Gefäßzersplitterung zum anderen macht eine Gefäßvereinigung, die Hohlvene und Lungenarterie heißt, deren höchste Entwickelung uns im rechten Herzen erscheint.

§. 153.

So finden wir also auch in dieser Thierzergliederung (Gefäßsystem) den überall im Organismus bewährten Satz bestätigt, daß sie nur durch stetes Vergehen und Sterben lebendig sey. Der Darm zertrümmert sich zu Venen uud Venenblut und diese, nachdem sie eine Reihe von Gefäßmetamorphosen durchlaufen, werden endlich der Lunge das Mittel zur Neuwerdung; eben so wie die, aus der Lungenzerfallung hervorgehenden Arterien und Arterienblut, nachdem sie unzählig viele Male gestorben und wieder neu erstanden: gewandelt sind, dem Darm (und anderen Gebilden) die stete Neuwerdung vermöglichen.

§. 154.

Diese, durch immerwährendes Werden und Aufhören bedingte, stete Verjüngung im Venensystem ist nun allein hinreichend, die scheinbare Ortsbewegung des Venenbluts (eben so wie die entsprechende des Arterienbluts) zu begründen. Da das Venenblut nur ist, in so fern der Darm (oder die anderen Organe), und die Gefäße immer zu ihm werden, zerfließen (Lebensprozeß im Blut — Todesprozeß im Gefäß), und die Gefäße nur Bestand haben, in so fern das Blut immer wieder zu ihnen erstarret (Lebensprozeß im Gefäß — Todesprozeß im Blut), so kann nur dieses Auf- und Niedertauchen aus dem Seyn in das Nichtseyn oder vielmehr Andersseyn das Treibende desselben, das sein Strömen Bedingende seyn. Das Venenblut läuft daher eben so wenig wie das Arterienblut, sondern es wandelt nur in und durch Umwandlung. Es ist in seinen Theilen nirgend sich selbst gleich, sondern auf seinem ganzen Wege zur Lunge hin ein anderes. Da diese Blutumwandlung zugleich nothwendig eine Gefäßumwandlung ist, so drückt man sich eigentlich unrichtig aus, wenn man sagt: „das venöse Blut komme in die Lunge," da doch, nach dem Obigen, nothwendig das ganze venöse Gefäßsystem dahin kommen muß, indem das, was in diesem Augenblick noch als festes Gefäß vorhanden war, im nächst folgenden schon wieder als Blut dahin fließt.

§. 155.

So tritt uns also auch in diesem System eine Spannungsreiche, eine Reihe von Gegensätzen, die sich immerwährend tilgen und hervorrufen entgegen. Auf allen Punkten ist hier eine Entzweiung und Wiederausgleichung, wie im arteriellen System, nur in der entgegengesetzten Richtung wirklich geworden. Das Venensystem hat seinen Lebenspol im Darm: der Darm selbst ist seine Zukunft: daher gestaltet es sich auch aus dem Darm heraus. Den Todespol bezeichnet die Lunge. Sie ist die Vergangenheit des venösen Systems: daher entstaltet es sich in die Lunge hinein. — Der Darm stirbt, und in Folge dieses wird die Lunge lebendig; diesen Uebergang vom Tode zum Leben stellt das venöse System dar. Der Darm ist die Raupe, das Venensystem die Puppe, und die Lunge der aus dieser Puppe sich entwickelnde, an die Luft kommende Schmetterling, nur mit dem Unterschied, daß diese Raupe sich ohne Unterlaß verpuppt, und diese Puppe fortwährend zum Schmetterling wird. —

§. 156.

Das Begründende der Venenblutbewegung ist hiemit klar. Dieses System stellt eine aus lauter Gegensätzen bestehende Reihe dar, analog dem Nord und Süd der magnetischen Linie, oder dem + und — V der Volta'schen Leitungsflüssigkeit; sie heißen hier: Leben und Tod, Speise und Koth. Die dem Darm nähern Venen liefern ja rückbildend, sterbend den nachfolgenden das sie erneuernde Fortbildungsmittel. Dieß ist aber seinem Erzeuger (dem vorhergehenden Gefäß) gleichnamig (verhält sich = + : + oder = — : —) wird also abgestoßen, dagegen wird es, dem nachfolgenden (seinem Verzehrer) als ungleichnamiger Pol gegenüberstehend, von diesem angezogen, und so geht es das ganze Venensystem in der Darm-Lungenrichtung entlang; um auch hier den Ausspruch, daß alles im Thier sich auf die Urverhältnisse von Kothen und Fressen zurückführen lasse, (§. 46.) zu bewähren. Es ist uns unmöglich, dem

Venensystem in seiner Ausbreitung zwischen Darm und Lunge eine andere Bedeutung als die eines aus Thieren bestehenden Thiers abzugewinnen, dessen Maulanfang der Darm und dessen Afterende die Lunge ist, so daß das Wesentliche der hier sich verwirklichenden Metamorphose nur als eine immerwährende Verwandlung des Mauls dieses Thiers (des darmigen Anfangs) in den After desselben (in das lungige Ende) bezeichnet werden kann.

§. 157.

Nachdem wir nun also auch im Venensystem die Möglichkeit und Wirklichkeit einer Blutbewegung ohne Beihülfe des Herzens erkannt haben, wenden wir uns zur nähern Betrachtung dieser Bildung, nehmlich des rechten Herzens, des thierischen Thiers, welches möglicher Weise in diesem System von Thieren wirklich werden kann. Das rechte Herz ist ein getreues Nachbild des linken, und entspricht diesem, in so fern es in Bezug auf die Venen ganz dasselbe ist, als was das linke in Bezug auf die Arterien darstellt; woraus sich dann die Aehnlichkeit ihrer Lebens- und Stoffform erklärt, obwohl die ganz verschiedene Abstammung beider sie auch wiederum fast so unterscheidet, wie ihre Stammältern Lunge und Darm unterschieden sind. Daher finden wir einestheils im rechten Herzen einen dem linken ähnlichen Bau, eine ähnliche Belebtheit, ein ähnliches, rastloses, immerwährendes Verzehren von venösem Blut (Blutschlucken: Diastole) und ein diesem gegenüber eben so häufig erfolgendes Wiederausleeren (Blutspucken: Systole) des zurückgebildeten, herzgewesenen, in Gemeinschaft mit dem nicht zur Neuwerdung des Herzens verbrauchten; anderntheils aber eine viel schwächere Lebensenergie, einen minder fleischigen (muskulösen) mehr darmähnlichen Bau und eine verhältnißmäßig geringere Größe als die des linken Herzens. Alles erklärlich aus den ähnlichen Verhältnissen des Darms zur Lunge, der Venen zu den Arterien im Allgemeinen, und der Hohlvene nebst Lungenarterie zu der Lungenvene nebst Aorta im Besonderen.

§. 158.

Die Mutter des linken Herzens, die Lunge ist ein pulsirendes Organenthier (denn das Luft Ein- und Ausathmen kann man doch wohl eine Pulsation, eine Lungenpulsation nennen) daher denn das Wiedererscheinen dieser Lebensart im linken Herzen nicht wunderbar. Aber das rechte Herz, das aus den viel minder bewegigen (nicht pulsirenden) Venen, die ihre Neuwerdungsquelle im Darm (einem in Bezug auf die Lunge viel weniger nach Außen hin Thätigen und Wirkenden) haben, geworden und wird, pulsirt auch, obwohl viel weniger intensiv als das linke. Ein Umstand der uns berechtigt anzunehmen, daß die in den Venen eben so wie im Darm mehr innerlich gewordenen, als s. g. wurmartige Bewegung sich darstellenden Lebensäußerungen sich bei einer höheren, fleischigeren Ausbildung eben so veräußerlichen (pulsiren) wie bei den Arterien; so daß im rechten Herzen, neben der höchsten Venenausbildung auf körperlicher Seite, auch die höchste Lebensverwirklichung derselben erscheint.

§. 159.

Diese Pulsation des rechten Herzens hat nun wie schon (§. 157.) bemerkt dieselbe Bedeutung, wie die des linken: sie ist die sinnliche Verwirklichung des zwischen stetem Entstehen und Wiedervergehen oscillirenden Herzbestehens. Sie ist der In- und Egestionsakt desselben, die beide ihre Verkörperung in einer dem Maul und dem After entsprechenden Organisation (Hohlvenensack = Maul; Lungenarterienanfang (ostium arteriosum) = After) gefunden haben. Durch diesen After geht das vergangene, wieder zu Blut zerflossene rechte Herz nebst einem anderen nicht verbrauchten Theile wieder fort, und wird der Gestaltungsgrund eines neuen Thiers, nehmlich der Lungenarterie, welcher das rechte Herz ist, was der Aorta das linke war. Die Lungenarterie ist eine venöse Aorta und hat wie diese ihr Bestehen durch das bereits vom (rechten) Herzen zur Neuwerdung Gebrauchte, ihm Gleichnamiggewordene und darum Ausgestoßen.

§. 160.

Diese Bedeutung der Herzpulsation zeigt nun auch wie beim linken Herzen, wie unstatthaft die mechanisch teleologische Ansicht war, die es zum Bluttreiber und Blutstoßer machte; wobei sie jedoch mit ihren Erklärungen sehr in die Enge gerieth, da hier das treibende und stoßende Herz gerade am unrechten Fleck, nehmlich da, wo nicht viel mehr zu treiben und zu stoßen ist, sich befindet. Allein sie verzweifelt dennoch nicht. Einmal muß das linke Herz treiben helfen, dessen Stöße sich durch die (hypothetischen) Uebergangsröhren (Capillargefäßsystem) von den Arterien aus in die Venen fortsetzen sollten. Zweitens übertrug man der Lunge die Funktion eines mechanischen Saugwerks, und nun war man beruhigt. Beide sind aber nur willkührliche Annahmen, indem weder eine folgerechte Durchführung und Anwendung der thierischen Lebensgesetze, noch eine nüchterne, unbefangene Erfahrung sie als nothwendig oder wirklich nachweisen kann. Man erkläre doch, wenn die Lunge ein Saugwerk seyn soll, warum sie sich denn nicht einmal versieht, und statt des venösen arterielles Blut auffaugt? Giebt es etwa auch hier Ventile wie im Herzen „um den Zurücktritt zu verhindern?“ Wer hat sie gesehen? Da die Hauptvertheidiger dieser Ansicht dieselben sind, welche nur das glauben, was sie mit dem leiblichen Auge gesehen haben, so mag es uns erlaubt seyn, hier einmal Gleiches mit Gleichem zu vergelten, und ihnen nicht zu glauben, was sie nicht gesehen haben, und doch als daseyend behaupten.

§. 161.

Endlich gilt noch von der Beziehung des Venenbluts zum rechten Herzen, was bereits von der des arteriellen zum linken gesagt, und auch schon bei der Erklärung der Pulsation des rechten Herzens (§. 157 — 159) geltend gemacht worden ist. Die mehr zufälligen, als wesentlichen Folgen der Herzpulsation hat man für den Grund derselben genommen, wobei dann das Blut die Rolle eines „specifischen Reizes“ übernehmen mußte. Erwägt man diesen Ausdruck recht, so findet man, daß er eine bloße Scheinerklärung ist, denn es bleibt noch immer die Frage zu beantworten übrig, was denn das Herz befähige, stets mit derselben Energie auf diesen Reiz zurückzuwirken, kurz, wovon es sich ernähre? Daß dieß nicht das Blut der Coronararterien allein seyn könne, haben wir bereits eben beim linken Herzen (§. 128.) bewiesen, und dieß gilt daher auch vom rechten, weil es mit ihm zu einer Einheit verwachsen ist. Obwohl dieses Blut, als ein arteriales, zum rechten Herzen eine andere Beziehung hat als zum linken. Es muß also wie dort im arterialen, so hier im venösen Blut der Hauptgrund des Herzbestehens gesucht werden, womit dann auch der Grund seiner eigenthümlichen als Pulsation sich darstellenden Lebensäußerungen gegeben ist.

Die Entstehung des Milchsaftgefäßsystemes durch den Todesprozeß im Darm.

§. 162.

Wir wenden uns nun zum Milchsaftsystem, das wie das Venensystem eine Ausgeburt des Darms ist. Der Darm bildet sich durch dieses System auf eine dem Venensystem ähnliche Weise in die thierische Innenwelt hinein. Beide sind ebenbildliche Erscheinungen eines und desselben, nehmlich des Darms, der sterbend nach Innen in die Gegensätze von Milchgefäß und Vene auseinander weicht. Das s. g. „Entspringen" der Milchgefäße aus dem Darm ist eben so zu denken, wie das der Venen aus demselben, oder das der Arterien aus der Lunge. Der Darm wird zu ihnen, verwandelt, aufhörend Darm zu seyn, sich in dieselben. Sie sind daher so gut wie die Venen die Produkte des Darmtodes, auch ist ihr übriges Verhalten ein dem der Venen ähnliches. Sie beginnen wie diese mit einer Mannigfaltigkeit selbstständig-thierischer Individualisirungen, werden durch Verschmelzen derselben immer geringer an Zahl, aber mächtiger und stärker, und kommen endlich auch zu einer der Vena cava entsprechenden Thierbildung (dem Milchbrustgang) die, wie die vena cava eine höher entwickelte Vene, ein höher entwickeltes, thierischlebendiger gewordenes Milchgefäß ist.

§. 163.

Auch in diesem Gefäßsystem ist Saftbewegung, aber, was wohl zu beachten: ohne Herzensstoß! Hier scheitert jede mechanische Erklärung. Selbst die Haarröhrchenkraft hilft nicht mehr aus, denn 1) übertrifft das Lumen der höher gebildeten Milchgefäße das der Haarröhrchen bei weitem, und 2) zeigt sich in den rücksichtlich ihres Durchmessers „Haarröhrchen" zu nennenden Gefäßen ein bei einer Verletzung über die Grenze der Wandung hinaus erfolgendes Hervortreiben des flüssigen Inhalts; eine den Haarröhrchen fremde Erscheinung. Wir sind demnach auch hier darauf hingewiesen, die Saftbewegung aus inneren Gründen zu erklären, und finden diese, wie bei den Venen, mit dem Entstehungsgrund der Gefäße überhaupt zusammenfallend. Die Ortsbewegung eines und desselben Saftes ist nehmlich, hier wie dort, im Ganzen auch nur eine scheinbare, durch stetes Werden und diesem folgendes Wiedersterben bedingte. Die Milchsaftgefäße nebst Inhalt sind nehmlich, als die Gestaltungen des jüngstvergangenen, dagewesenen Darms, nur in so fern etwas Bestehendes als der Darm sich immer entstaltet, stirbt, ihnen dadurch die Neuwerdungsmittel darreichend. Das ephemere Darmbestehen muß nothwendig auch auf diese Bildungen, weil sie die Kinder des Darms sind, (abgesehen von anderen, wichtigeren Gründen) forterben, so daß das ganze Milchsaftgefäßsystem nur ist in dem unaufhörlichen Einanderfolgen seiner Lebensmomente, des zukünftigen Seyns (Werden) und des vergangenen Seyns (Aufhören). Zwischen beiden liegt, als nie ruhender Punkt die Gegenwart desselben, deren Schranken (Oscilliren) in der Zeitlichkeit eben das sind, was man bewegen, laufen, fließen nennt, aber dem Wesen nach nur ein Wandeln durch Wechsel und Umwandlung ist. Daß dieser Wandel in der Richtung vom Darm zur Lungs hin Statt hat, liegt zunächst darin, daß der Heerd des Milchgefäßsystems der Darm ist. Vom Darm aus kommt das Neuwerdungsmittel zu ihm. Am Darm beginnt also die stete Neuwerdung (Fortbildung) und auch die Altwerdung (Rückbildung). Da nun aber das Altgewordene immer wieder ein Neuwerdendes für ein Nachfolgendes ist, so wird es von dem Gefäßthier, dessen Vergangenheit es darstellt, als Gleichnamiges abgestoßen, dagegen von dem dessen Zukunft es ist, als ungleichnamig angezogen, und so erfolgt dann das Wandeln des Milchsafts nicht nur, sondern auch der Gefäße vom Darm zur Lunge (durch die Vena subclavia etc. hindurch).

§. 164.

Da hier wie beim Venensystem der Darm die Zukunft, die Lunge die Vergangenheit dieses Gefäßsystems ist, dasselbe im Darm beginnt und in der Lunge endet; so ist auch die Darm-Lungenrichtung, welche es in seinem scheinbaren Laufe nimmt, erklärlich, indem auch hier das überhauptliche Bestehen mit der Art und Weise des Bestehens zusammen fällt. Eine eben solche Spannungsreiche, eine eben solche Reihe von Gegensätzen, wie wir sie bereits im arteriellen und venösen System erblickten, kehrt auch hier wieder, oder ist in diesem Vorbild beider Systeme schon vorhanden (indem es in der Thierwelt früher als diese erscheint). Ein Gegensatz treibt den andern; ein Gegensatz zieht den anderen, aber immer in der Richtung von Darm zu Lunge, weil der treibende Gegensatz den Darm, der ziehende die Lunge repräsentirt: der erstere läßt sein Gleichnamiges, seinen Koth von sich, der letztere zieht sein Ungleichnamiges, seine Nahrung an sich. Auf den einfachen Gegensatz von Werden und Vergehen, von Fressen und Kothen ist also auch das hier erscheinende Leben zurückzuführen. —

§. 165.

Aus dieser Darstellung ergiebt sich nun, daß so wenig der Milchsaft (Chylus) als das Milchsaftgefäßsystem direkte etwas mit dem gegenwärtigen, bestehenden Darm zu thun habe, indem sie seine eine Vergangenheit darstellen. Daher ist es durchaus unphysiologisch und unrichtig, wenn man von einem „Milchsaft-Bereiten und Absondern" aus dem Speisebrey durch den Darm spricht. Diese Annahme ist nicht nur der Wissenschaft, sondern auch der unbefangenen Erfahrung entgegen, indem noch Niemand in dem Darm selbst den Milchsaft gesehen hat. Dieser erscheint immer erst in den Milchgefäßen, kann daher nicht als Erzeugniß des Darms, sondern nur als Erzeugniß dieser Gefäße betrachtet werden, deren zurückgebildetes, gestorbenes Selbst er ist.

Entstehung der Verlängerung des Darmkanals durch den Todesprozeß im Darm.

§. 166.

Wie bei der Lunge so geht auch beim Darm ein Theil desjenigen, worein sie vergehend zerfallen und auseinander weichen, in die fremde Außenwelt zurück, der dort ausgeathmete Luft, hier Koth (im engern Sinn) heißt. Bei der Lunge geschieht das Luftfressen und Luftkothen auf einem und demselben Wege (Luftröhre). Maul und After sind hier, wie bei vielen niederen Thieren, noch ungeschieden; daher ist die Art und Weise der Fortbildung und Ernährung der s. g. Luftwege nicht so klar, und schwieriger zu bestimmen, als beim Darm, wo die beiden Momente des Werdens und Vergehens, (des Fressens und Kothens) ihre Verkörperung am Anfang als Maul, am Ende als After gefunden haben.

§. 167.

§. 167.

Das Maul, womit der Darmkanal beginnt, ist dessen thierisch organisirte Zukunft (was zukünftig Darm seyn wird empfängt hier sein Daseyn). Der After, womit der Darmkanal endet, ist im Gegensatze dessen thierisch individualisirte Vergangenheit (was Darm gewesen geht hier in die Außenwelt zurück). In der Durchdringung beider liegt der Darm selbst, der nur dadurch ein Wirkliches, ein Gegenwärtiges ist, daß das Maul immer zu After, das Fressen immer zu Kothen wird. Eben so wie die Gefäßsysteme nur durch stetes Ineinandergehen ihrer Gegensätze (dadurch daß Lunge sich in Darm u. s. w., und umgekehrt Darm sich in Lunge verwandelte) wirklich wurden, eben so ist der Darmkanal nur da, in so fern sein Anfang (Maul) in ununterbrochener Folge stirbt und wiederauflebt, und nach dem Durchlaufen einer Reihe von Sterbungen und Wiederauferstehungen (Verwandlungen) endlich selbst zum After wird.

§. 168.

Dies ist die Bedeutung des auf die s. g. Speisenverdauung sich beziehenden Darmprozesses. Der Darmkanal ist eine organische Gliederung von Thieren, die wie die Gefäße dadurch sind, daß sie stets auseinander werden, indem das vorhergehende in seinem Rückbildungserzeugnisse dem nachfolgenden das Fortbilden und Bestehen begründet. Die Darmthiere sind so mit Maul und After organisch zusammengewachsen, wie es die Gefäße sind, und führen sich so einander die Werdungsmittel (Koth) zu, wie es die Gefäße thun.

§. 169.

Sonach können wir dem s. g. Kauen und dem „Schmecken" keine andere Bedeutung abgewinnen, als die des Maulwerdens und Maulgewordenseyns; der Bissenbildung und dem s. g. Schlucken keine andere, als die des Maul-Sterbens und Gestorbenseyns. Die mechanisch-teleologische Ansicht hat aber hier etwas ganz anderes gesehen. Ihr sind die Bestandformen des Mauls die Mahlsteine und Mahlgänge, d. h. die Verkleinerungsmittel der Speise. Die Speise selbst hat nach dieser Ansicht weiter keine Beziehung zum Maul, als höchstens als Reiz zu wirken, um den Speichelzufluß, der bloß als ein Verflüssigendes die Veränderung der Speisen befördern soll, zu bewirken. Das Maul wäre sonach, als ein Reinäußerliches gegen die Speise, zu einer bloßen Maschine herabgewürdiget. Diesem ist aber nicht also! — Der Schmeckprozeß ist uns Bürge dafür, daß das Kauen und Bespeicheln mehr als bloßes Zermalmen, daß es ein Vorgang ist, wodurch einerseits das Maul selbst sein Daseyn fristet.

§. 170.

Um diese Aussprüche klar und bündig zu begründen, müßten wir freilich weit ausholen, und die ganze Theorie der Sinne nach den hier befolgten Principien entwickeln, wozu aber noch nicht genug aufgeräumt ist. — Jedoch wollen wir es dennoch zur nähern Würdigung des Schmeckprozesses wagen, hier wenigstens Einiges beizubringen.

§. 171.

In dem ganzen Verfolg der bisherigen Untersuchungen ergaben sich uns die körperlichen und geistigen Verhältnisse nie getrennt, sondern stets in der innigsten Durchdringung. Wir brauchten keine Lebenskraft, keine Reizbarkeit, keine Triebe, (Bildungstrieb, Erhaltungstrieb) keine Seele, keine Psyche, keine Reize, kurz keine s. g. immaterialen Kräfte; und eben so wenig hatten wir Atome,

Mollekuls, Stoffe, Materien vonnöthen, um die Lebensvorgänge im Thier erklärlich zu finden, sondern alles ergab sich uns aus dem folgerechten Geltendmachen der in zeitlicher (wechselnder) Räumlichkeit und räumlicher (beharrlicher) Zeitlichkeit sich verwirklichenden Idee des Thieres (§. 15. und 36.). Wir sahen das Leben eines Organenthiers nie ohne gleichzeitige Verkörperung, den Körper desselben nie ohne gleichzeitige Lebendigung erscheinen (§. 36.). Ueberall hatte das Leben seine Begrenzung gefunden, und der Stoff seine Bethätigung. — Wird es nun bei den Sinnorganen anders seyn? Werden diese, die doch ohne Widerrede mit zur großen Einheit des Thierorganismns gehören, eine Ausnahme machen, und nicht jenen Gesetzen des Thierseyns und Thierlebens sich fügen, die wir bereits in einer Menge von thierischen Erscheinungen erkannten? Dieß ist unmöglich, und als solches leicht erweisbar, sobald man im Thierorganismus eine Einheit von Theilganzen (Organenthieren) und in den Sinnorganen Theilganze dieser organischen Einheit anerkennt.

§. 172.

Nach einer solchen Anerkennung, wofür die Beweisführung in allem Vorhergehenden enthalten ist, erblicken wir nun in den Sinnorganen nichts weiter, als selbstständige Thiere im Thier (Organenthiere), die wie alle selbstisch handeln, nur sich, ihr eigenes Wohl bezwecken, und in all ihren s. g. Verrichtungen (Sensationen) nichts weiter an den Tag legen, als das Streben der eigenen Daseynsförderung und das Abwehren des ihr Bestehen Fährdenden. Diesemnach können wir es nicht dem Mechanico-teleologen bejahen, daß das Auge da sey um zu sehen, und daß das Licht als bloßer Reiz dieß Sehen möglich mache, daß mit dem Licht gesehen würde; daß ferner das Ohr zum Hören, die Nase zum Riechen, die Zunge zum Schmecken (zum Kosten der Speisen) da sey, und daß Ton, Gewürz und Salz gehört, gerochen und geschmeckt würden dadurch, daß sie als Reize auf diese Organe wirkten (Reizung). Reiz und Reizung als immateriale Kräfte und Kraftäußerungen sind irdisch unmögliche Dinge, sind Undinge, die keine vernünftige Physiologie, die nothwendig Leib und Seele als identisch setzt mehr anerkennen kann. Wir müssen uns daher nach anderen Erklärungsweisen umsehen, und finden sie in den Weisen des Seyns und Bestehens der Sinnorgane selbst.

§. 173.

Zuerst kommt uns hier die Erfahrung entgegen, daß jene s. g. Reize: das Licht in Bezug aufs Auge, der Ton und Klang in Bezug aufs Ohr, das Riech- und Schmeckbare in Bezug auf Nase und Zunge etwas sind, wovon deren Daseyn als Sinnorgan abhängig ist. Das Auge verliert seine s. g. Sehefähigkeit, wenn ihm auf lange Zeit das Licht entzogen wird; das Ohr seine Höhrfähigkeit, wenn kein Ton und Klang zu ihm bringt; die Zunge verlernt das Schmecken, die Nase das Riechen, wenn immer nur Indifferentes zu ihnen kommt. Umgekehrt wird dagegen alles dieses gesteigert und gefördert, wenn sie keinen Mangel daran leiden. (Man denke nur an das Auge eines Malers, das Ohr eines Tonkünstlers, die Nase eines Hundes, die nicht nur Menschen sondern auch, durch s. g. Abrichten, Metalle unterscheidet, und an die Zunge der Weinschmecker). Man hat dieß letztere Verfeinerung, Schärfung, Uebung genannt. Worin kann diese aber, da sie nichts Momentanes, Flüchtiges, sondern etwas Bleibendes, Dauerndes ist, anders gesucht werden als in dem Organ selbst, in seinen organischen und leiblich-geistigen Veränderungen?

§. 174.

Alles aber, was ein Organ selbst verändert, kann dieß nicht einseitig, entweder bloß leiblich oder bloß geistig thun, sondern, weil das Organ selbst keine solche Einseitigkeit ist, so muß es allseitig geschehen, sowohl durch geistige als auch leibliche Aenderung. Das Licht kann daher auf das Auge nicht bloß geistig wirken: reizen; sondern es muß dieß auch leiblich thun: ernähren oder verzehren. Der Ton kann das Ohr nicht bloß reizen, und dann wieder vertönen, sondern er muß zugleich ein das Ohrbestehen Fristendes seyn, wenn man nicht folgewidrig und willkührlich schließen will. Dasselbe gilt vom Riech- und Schmeckbaren; auch sie müssen erkannt werden als diejenigen, wodurch Nase und Zunge einerseits ihr Daseyn fristen; sie sind Fortbildungsmittel für Nase und Zunge.

§. 175.

Diesemnach werden sich die Sinnorgane ganz so wie die anderen Organe verhalten, namentlich wie Lunge und Darm, da sie, wie diese, Grenzorgane sind, durch welche die Außenwelt verthiert wird. Wie die Lunge als die Synthese von Luft und (Venen-) Blut erschien (§. 88.), so muß das Auge als eine Synthese von Blut und Farbenlicht betrachtet werden; d. h. das Auge hat sein Bestehen nicht bloß durch das arterielle Blut, sondern es muß noch eine andere, gleichsam geistigere Nahrung im Farbenlicht hinzukommen, um das Auge zu erhalten. Gleichwie demnach Venenblut und Luft zur Lunge werden, sich in die Lunge verwandeln, eben so wird in Gemeinschaft mit dem arteriellen Blut das Licht selbst zum Auge, verwandelt sich in das

Auge. Analoges gilt vom Ohr. Wir müssen annehmen, daß neben den bekannten Ernährmitteln (Blut) das Ohr noch des Tönenden zu seinem Fortbestehen bedürfe, und ebenso die Nase noch außer dem Uebrigen das Riechende sich aneigne und in Nase verwandle; daß es mit der Zunge (und dem dazu Gehörigen) nicht anders seyn könne folgt nothwendig. Wie der Darm von uns als eine Synthese von Speise und Trank, Galle und Blut erkannt wurde, so können wir im Maul, als dem zukünftigen Darm (§. 167.) nur das Gleichbedeutende, aber auf einer höheren Stuffe der Ausbildung, gewahren. Auch er fristet sein Daseyn durch Speise und Trank (Schmeckbares) durch Galle (Speichel) und Blut (arterielles) indem er sie in sich, in sein Selbst verwandelt.

§. 176.

Was sind nun die s. g. Sensationen? Sie können nicht Grund und Ursache, sondern erst Folge und Wirkung der Bestehweise der Sinnorganenthiere seyn, gerade so wie das Leibernähren von Lunge und Darm aus erst die Folge von ihrem eigenen Selbsterzeugen und Bestehen war. Lunge und Darm waren nicht Mittel für die andern Organe durch ihr Bestehen, sondern erst durch ihr Vergehen. Aus ihrem Todesprozeß flammte für die anderen Organe ein neues Leben und Bestehen hervor. Eben so wie demnach das Ernähren des Organismus durch Lunge und Darm erst die Folge ihres Bestehens im Wiedervergangenseyn war, so ist das, was Sehen, Hören, Riechen, Schmecken heißt, nichts in dem Sinnorgan als solchem Begründetes, nichts mit dessen Gegenwart Identisches und Gleichzeitiggegebenes, sondern erst dessen Vergangenheit. Wie Darm und Lunge durch Sterben und Vergehen (Rückbilden) das Vorwaltendleibliche des Organismus ernähren, so thun es die Sinne in Bezug auf das Vorwaltend geistige, aber auch nur in so fern sie schon in die Vergangenheit hinübergegangen, und als Sinnorgan (leiblich und geistig zugleich) gestorben sind. Wie das Auge werdend aus Farbenlicht und Blut gleichsam zusammen rinnt, so rinnt es auch wieder, vergehend in Farbenlicht und Blut auseinander. Das letztere erscheint im venösen Gefäß nebst Inhalt, das erstere, nur dem innersten geistigen Auge (dem selbstbewußten Ich) wahrnehmbar, giebt nun, wieder höheren, noch mehr vergeistigten Organen zur Fortbildung dienend, das, was „Sehen" heißt. Das Sehen ist der Vergehungsakt des Auges dem selbstbewußten Ich erschienen, und dadurch zum Bewußtseyn gebracht. Das Sehen kann sonach nicht Grund und Zweck des Augenseyns, sondern erst die Folge davon seyn. Das Auge ist daher nicht da, um zu sehen, sondern es ist nur da, um dazuseyn. Es verzehrt, verdauet und aneignet nur Farbenlicht, um Auge zu bleiben. Daß diesem ein Farbenlichtkothen gegenübersteht, ist nichts Absichtliches, sondern die nothwendige Folge der Endlichkeit und Zeitlichkeit seines überhauptlichen Seyns.

§. 177.

Dieß gilt nun, wiewohl auf besondere eigenthümliche Weise von allen s. g. Sensationen der andern Sinnorgane. Das Ohr hört nicht, die Nase riecht nicht, die Zunge schmeckt nicht, sondern alle drei sind erst die Folgen ihrer Gegenwärtigkeit, sind ihre Vergangenheiten. Das Ohr wird vergehend erst für das Ich ein Tönendes, die Nase sterbend für das Ich ein Riechendes, und die Zunge hinscheidend für das Ich ein Schmeckendes.

Dieser Umriß der schwierig in ihrer ganzen Wesenheit aufzufassenden und noch schwieriger für andere faßlich darzustellenden, die s. g. Sensationen zeugenden, organischen Momente wird uns wenigstens so viel erkennen lassen, als wir zur Würdigung des Maullebens gebrauchen, um einzusehen, daß auch hier wie in jedem Sinnorgan und jedem andern Organ die Zeitlichkeit des Lebens sich verwirklicht habe.

§. 179.

Wir kehren nun zum Darmkanal zurück, und verfolgen die Verwandlungen die sein Anfang (Maul) durchläuft, ehe er zum Ende (zum After) wird. Wir finden, daß zwischen beiden Punkten eine Menge, im Allgemeinen sich ähnlicher, im Besonderen aber doch sehr verschiedener Thiere liegen, die durch die Verwachsung von Maul und After leiblich, durch den Vergehungsprozeß dagegen geistig sich durchdringen, und gleichsam in einander übergehen. So geht das Maul in den Magen über, wird zum Magen, aber keineswegs bloß durch die Zwischenbildung, die Speiseröhre heißt, sondern auch durch den Todesprozeß im Maul selbst, dessen Produkt eben der hinuntergeschluckte Bissen ist. Der Bissen enthält das gestorbene, zurückgebildete Maul (nehmlich Speichel, Mundschleim, Zungenschleim u. s. w.) neben einer nicht Maul gewesenen, aber doch durch das Mischen mit den Maulrückbildungserzeugnissen veränderten Speise. Diese tritt, nachdem auch die Speiseröhre ihre Fort- und Rückbildungsmomente an derselben verwirklicht hat, in den Magen dessen Hauptstreben = dem eines jeden Organenthiers darin besteht, alles in seinen Wirkungskreis Tretende zu vergleichen (sich gleichzumachen) also in den Magen zu verwandeln. Das s. g. Speisen-verdauen und umändern kann sonach vermöge der

Selbstsucht des Magens nichts weiter seyn, als ein Zumagenwerden des Bissens, und ein gleichzeitig Wiederzubissenwerden des Magens. Der Magenbissen ist der s. g. Speisebrei (Chymus), der den durch Rückbildung gestorbenen und vergangenen Magen (vorzugsweise den s. g. Magensaft) nebst der nicht zur Neuwerdung des Magens verbrauchten, aber durch Mischen mit seinem Rückbildungserzeugniß eigenthümlich veränderten Speise enthält. Eine Mischung, die nun durch den Magenafter (Pylorus) durch einen, dem Schlucken ähnlichen Lebensvorgang vom Magen als Unbrauchbares (Kothiges), als gleichnamig ausgestoßen, aber von einem anderen Thier, dem s. g. Zwölffingerdarm, begierig aufgefangen und zur Neuwerdung desselben verwandt wird.

§. 180.

Nothwendigerweise kann das Duodenum als ein Magenabkömmling nur dem Magen nach handeln, und die s. g. Speisebreiverwandlung auch hier dem Wesen nach in nichts Weiterem bestehen, als in einem Zuzwölffingerdarmwerden des Speisebreies (wenigstens eines Theils desselben) und in einem Wiederzuspeisebreiwerden des Zwölffingerdarms. Der letztere ist der dagewesene, gestorbene Zwölffingerdarm, und erscheint vorzugsweise im s. g. Milchsaft oder Chylus, der vom Zwölffingerdarm als ein Kothiges, Gleichnamiges ausgestoßen, nun einer Menge anderer Thiere zur Neuwerdung, zur Ernährung dient. Es sind die s. g. Milchsaftgefäße.

§. 181.

Die Entstehung des Milchsaftgefäß- oder Saugadersystems haben wir schon früher (§. 162. f.) (in sofern es vom Darm abhängig ist) als ein Todesprodukt des Darms erkannt, daher wir hier dessen Betrachtung überhoben sind. Jedoch verdient der Umstand, daß dieses System vorzugsweise in den dünnen Därmen wurzelt, oder vielmehr aus den dünnen Därmen wird, hier einige Worte. Wir fanden in den beiden bereits betrachteten (arteriösen und venösen) Gefäßsystemen einen Culminationspunkt ausgebildet, der das, das ganze System Auszeichnende und Charakterisirende vorzugsweise darstellte. So erschien uns im linken Herzen das Höchste, wozu es die Arterie bringt, im rechten das Höchste, wozu es im Venensystem kommt, in Bezug auf das, was wir „Blutwandel" (§. 115. und 154.) genannt haben. In der Darmgliederung tritt uns nun ein eben solcher Culminationspunkt, in Bezug auf die Verthierung der Außenwelt (der Speise ꝛc.) in den dünnen Därmen, besonders im Zwölffingerdarm, entgegen. Hier ist nicht nur der Punkt, wo der Magen sich in den Darm hineinbildet, sondern auch Leber und Pankreas kommen noch mit ihren zu Gall- und Pankreasgefäßen nebst Inhalt verkörperten Rückbildungserzeugnissen hinzu, verwandeln sich in den Zwölffingerdarm, und begründen dadurch die Entstehung eines Thiers, in welchem das Darmleben sich am vorwaltendsten ausspricht.

§. 182.

Das Darmleben erscheint in seinem Grunde als ein Zudarmmachen der Außenwelt, in seinen Folgen aber als ein Verthieren (Zuthierenmachen) derselben. Dieß spricht sich im Zwölffingerdarm am vorwaltendsten aus. Aus ihm bilden sich die Milchsaftgefäße in der zahlreichsten Menge hervor. Er ist dasjenige von den Darmthieren, das am meisten Fortbildungsmittel bekommt. Lunge, Leber, Magen und Pankreas vereinigen sich hier, oder fließen hier gleichsam zum Zwölffingerdarm zusammen. Daß diesem Zusammenfluß nun ein entsprechender Auseinanderfluß gegenüber steht, ist nicht zu verwundern, und so wird es erklärlich wie das Duodenum sich rückbildend, vergehend zu einer solchen Menge von Milchgefäßen einerseits und zum Intestinum jejunum andererseits zerfallen kann.

§. 183.

Der Leerdarm verhält sich so zum Zwölffingerdarm wie dieser sich zum Magen verhält. Sein Maul bildet mit dem After jenes ein Continuum. Ende und Anfang beider Leiber verlaufen sich hier ineinander, werden zu einander, und so auch Ende und Anfang beider Lebendigkeiten: der Todesprozeß des Zwölffingerdarms, der sich nach der einen Seite hin zu Chylus u. s. w. verkörpert, verwirklicht sich hier andererseits in demjenigen, was er als Koth oder Auswurf vermöge der Gleichnamigkeit von sich läßt. Dieser Koth der seine Vergangenheit und zwar diejenige enthält, die nicht zur Neuwerdung der Milchgefäße dienlich und tauglich war, ist die Zukunft oder das Neuwerdungsmittel für ein anderes, dem ähnliches Thier, für den Leerdarm; der ganz seinem Vergnügen nachlebt, und auch nichts weiter thut, als das was seine Erhaltung und Fortbilduug bezweckte. Was er aus der Speise und den mit derselben gemeinschaftlich ihm gebotenen Rückbildungserzeugnissen des Duodenum vornimmt und daraus macht, ist daher nur als ein „Zuleerdarmverwandeln" zu bezeichnen.

§. 184.

Diesem Zuleerdarmwerden des jüngstvergangenen Zwölffingerdarms u. s. w. steht nun ein Wiederzerfallen desselben durch Rückbildung nothwendig gegenüber. Ein Vorgang der sich in Bezug auf unsere jetzige Betrachtung vorzugsweise in demjenigen verwirklicht, was der Bedeutung nach die Zukunft des Krummdarms (Intestinum Ileum) darstellt; eines Thiers, das so mit dem Leerdarm organisch verwachsen ist, wie der Leerdarm mit dem Zwölffingerdarm und eben solche Beziehungen zu ihm hat, wie jener zu diesem. So, daß also einer immer den andern voraussetzt, einer sterbend, vergehend, immer wieder in dem nachfolgenden seine Auferstehung feiert.

§. 185.

Auf diese Weise ist nun die Art des Entstehens und Bestehens der ganzen, den Darmkanal bildenden Thierreiche zu nehmen. Die Vergangenheit (Koth) des Krummdarmes vergegenwärtigt sich wieder als ein Neues, als Blinddarm (Intestinum coecum). Dieser stirbt wieder, um als Grimmdarm (Intestinum colon) wieder aufzuleben, bis endlich der Mastdarm (rectum) den Beschluß macht, von dessen Rückbildungserzeugniß (Koth) kein anderes Organenthier ferner leben kann; obwohl niedere Organismen (Insekten, Pflanzen) sich desselben zu ihrer Neuwerdung (Ernährung) bedienen, aber wegen ihrer Niedrigkeit nicht mit ihm zusammengewachsen, sondern räumlich von ihm geschieden sind.

§. 186.

Wir haben nun, so gut es sich bei der Neuheit der Betrachtungsweise thun läßt, auch den eigentlichen Darmkanal in seiner Entwickelungs- und Bestehungsweise verfolgt, und gefunden, daß sich auch hier das Leben dem Wesen nach auf dieselbe Weise, wie in den Gefäßen und überall verwirklicht. — Den Gegnern, die an dieser Art der Darstellung Anstoß nehmen, und sogleich Zeter schreien, bemerken wir hier noch zu ihrer eignen Beruhigung, daß sie bei näherer Betrachtung sehen werden, daß wir hier im Grunde nur das

Längstbekannte vorgetragen, diesem aber eine andere Bedeutung abgewonnen haben. Man weiß es ja längst, daß die Contenta des Darmkanals vom Maul an bis zum After in einer steten Veränderung begriffen sind, obwohl man unrichtiger Weise den Koth als die bloßen Ueberbleibsel der nicht assimilirten Speise (dem noch etwas von der Galle beigemischt seyn soll) betrachtete, da wir ihn doch, seinen Hauptbestandtheilen nach, für den Darm selbst, nur rückgängig geworden, verstorben, ausgeben, und behaupten müssen, der Darm kothe sich nur selbst aus, eben so, wie die Lunge im arteriellen Blut sich nur selbst auskothet oder selbst zu dem Koth wird. Ferner lehrt man, daß der Darm als ein Lebendiges auf die Speisen einwirke, aber vergißt bei dieser Einwirkung die nothwendig gleichzeitige leibliche Veränderung des Darms zu beachten. Durch die Annahme einer bloßen (wenn auch „lebendigen") Einwirkung steht der Darm der Speise stets als ein Aeußeres, als eine Maschine, gegenüber, die nur macht, aber selbst dem Wesentlichen nach unverändert bleibt. Dieß ist aber, wie bei jedem Organ, so auch beim Darm, eine Unmöglichkeit. Er kann nichts machen als sich selbst, und wenn er scheinbar etwas gemacht (secernirt oder excernirt) hat, so ist dieß nur sein wiederzerfallenes, verstorbenes Selbst, wie wir dieß bei der Entwicklungsgeschichte des Venen- und Saugadersystems und der Verlängerung des Darmkanals gesehen haben. Man erwäge nur recht, daß jedes Organ selbstsüchtig ist und seyn muß, um zu bestehen, und wende es partheifrei und umsichtig auf die Lebensvorgänge eines jeden Organs an, so wird man zu denselben Resultaten gelangen, die wir hier, von der Zeitlichkeit der Thierlebensform ausgehend, erhalten haben. Will man dagegen, wie man es bei Lunge, Herz ꝛc. gethan hat, die s. g. Verrichtungen der Organe als etwas von ihrer Daseynsweise selbst Verschiedenes ansehen, sie einerseits ernähren lassen (z. B. die Lunge durch die Bronchial-das Herz durch die Coronararterien) so geräth man in Willkührlichkeiten die weder philosophisch noch empirisch zu begründen sind. Wer kann es denn durchs Experiment beweisen, daß das Herz nichts von dem Blut genieße und in sich verwandele, welches scheinbar durch dasselbe hindurch geht. Wer hat denn die innern Vorgänge in der Lunge so mit dem leiblichen Auge geschauet, daß er versichern kann, die Lunge macht nichts weiter mit dem venösen Blut, als daß sie dasselbe mit Hülfe der Luft oxydire? Man unterscheide hier nur Versuch und Erfahrung von willkührlicher Deutung derselben (Hypothesen an denselben). Dasselbe findet beim Darm Anwendung. Wo sind die Erfahrungen und Versuche, die beweisen, daß der Darm bloß vom Arterienblut leben, und daß seine Beziehung zur Speise eine äußerliche sey, aus welcher er, ein Koch für seine Gäste, den andern Organen die Nährmittel „bereiten" soll. Daß der Foetusdarm vorzugsweise vom Arterienblut sein Bestehen habe, kann hier nichts beweisen, da er erst durch das Andieaußenweltkommen oder durch das Hineingehen der Außenwelt in ihn (Fressen) zum wirklichen Darm wird; eben so wie die Foetuslunge durch den ersten Athemzug aus ihrem bisher milzartigen Zustand erst in den der eigentlichen Lunge hinübertritt, erst Lunge wird.

§. 187.

Es gehört der Zustand des Foetus, der einer generationi secundariae, einem Fortwachsen und Fortsprossen des Schonvorhandenen (Aeltern) sein Daseyn verdankt, eigentlich nicht zu dem Gegenstand unserer Betrachtung. Diese muß von dem Ungezeugten ausgehen, und hat die Verhältnisse zu würdigen, in denen dieser Urzustand sich wieder darstellt. In solchem Zustand befindet sich jedes geborne, von der Mutter unabhängig gewordene, Thier. Es tritt in die Wechselverhältnisse mit der Außenwelt, die früher das Alleinzeugende seiner Urältern waren. In dem Verhalten der Außenwelt zu jedem Neugeborenen kehrt daher das Verhältniß abbildlich wieder, so daß eigentlich in der Zeugungsgeschichte der Thiere eine völlige Umk hrung statt gefunden. Im Anfang der Thierentstehung war die Generatio per coitum das Nach, die Folge (gen. secundaria) der Urzeugung (gen. originariae); jetzt ist sie das Vor, der Grund der Urzeugung, die mit dem Geborenwerden (Andieaußenwelttreten) eintritt, und, obwohl in einem beschränkteren Kreis, wiederkehrt.

§. 188.

Mit der hier dargestellten Entwickelungsweise des Darmkanals haben wir nun also das Dritte, was aus dem gestorbenen, vergangenen Darm wird, betrachtet und auseinandergesetzt. Wir mußten dieß, wegen der Zeitlichkeit des sinnlichen Auffaßvermögens, das nur im Nacheinander die Gegenstände aufzunehmen vermag, in der geschehenen Weise thun, da, wie in diesem Fall, das Ganze aus dem Einzelnen hervorgehen und sich gestalten soll. Nun sind wir, nach Beibringung der Einzelheiten so weit, daß daraus das Ganze sich wieder von Neuem hervorbilden kann, und nun ist es die Aufgabe der innern Anschauung, alles Einzelne, Zerstreute wieder zur Einheit zusammen zu fassen, um zu der Einsicht zu gelangen, daß auch an der andern Seite des Darms, die seine Vergangenheit verwirklich, eben so wenig Einzelheiten und beziehungslose Besonderheiten auftreten, als an seiner bereits betrachteten zukünftigen. Wie der Darm aus drei Todeserzeugnissen (dem der Lunge: Arterien; dem der Leber: Gallgefäße; dem des Mauls u. s. w.: Bissen u. s. w.) wird, gleichsam zusammengerinnt, ohne daß man sagen und nachweisen kann, dieser Theil des Darms werde aus dem Blut, jener Theil aus der Galle, und endlich jener aus der Speise; eben so zerrinnt, zerfällt es wieder zu drei Todeserzeugnissen, (zu Venen, Saugadern und Därmchen), ohne daß man sagen und nachweisen kann, dieser Theil sei beim noch gegenwärtigen Darm dieß, jener jenes gewesen. Es ist daher auch hier die Ansicht als todt und mechanisch zu verwerfen, die von einem Uebergang des arteriellen Bluts in die Venen, oder von einem Milchsaftbereiten aus der Speise, von einem Verdauungbefördern durch die Galle spricht. Solche Besonderheiten finden im Darm, der eine Einheit ist, nicht Statt. Wie die drei Zukünftigkeiten des Darms gänzlich aufhören und verschwinden zu einer Einheit, zu Darm werden, eben so treten seine drei Vergangenheiten wieder als drei Besonderheiten aus der Einheit hervor, von denen man nicht sagen kann, daß der Darm sie bereitet habe, sondern nur, daß sie der Darm selbst seyen, zerfallen und dreifach auseinander gewichen.

§. 189. a.

Hiemit zerfällt nur nothwendig jede mechanische Ansicht, womit man so unzählige Male das Thierleben entwürdigt hat. Es wird kein Streit mehr Statt haben können, über die Frage: ob die Darmvenen auch Chylus einsaugen? Diese Frage setzt die Venen als etwas Aeußerliches, neben dem Darm bestehendes, das eine

Aus-

Auswahl zu treffen im Stande wäre: eine Voraussetzung die bereits widerlegt ist. Ueberhaupt kann nie ein s. g. Auffangen vor sich gehen ohne zugleich stattfindende Selbsterzeugung und Neuwerdung des Auffaugenden (Fressenden) durch das Aufgesogene, das dabei zu Grunde geht; und umgewandt, nie eine s. g. Absonderung geschehen, ohne daß das Absondernde selbst dabei zu Grunde gehe. Wo ein Etwas werden soll, muß ein anderes Etwas vergehen, und wo ein Etwas vergeht, wird gleichzeitig ein anderes Etwas wiedergeboren: der Tod ist der Grund des Lebens und das Leben der Grund des Todes.

§. 189. b.

Nach der hier dargestellten Entwickelungsgeschichte der drei Darmvergangenheiten (Darmvenensystem, Milchgefäßsystem und Verlängerung des Darmkanals) ist es nun für die Entwickelungsgeschichte des ganzen übrigen Organismus von der größten Wichtigkeit, zu wissen, welche physiologische Bedeutung ihnen zukomme. Eine hier leichter als bei der Lunge (§. 135.) zu lösende Aufgabe, indem sich die Darmvergangenheiten mit mehr Selbstständigkeit und Bestimmtheit geschieden haben. Der Gegensatz, den diese Zerfallungen und Hervorbildungen des Darms durch die Weisen ihres Handelns, durch die Richtungen ihrer Wege verwirklichen, wird uns auch hier der Erkennung ihres Wesens näher führen und die Deutung erleichtern.

Daß die Weise des Darmvergehens der Weise des Darmentstehens congruent sey, haben wir bereits erkannt: der aus Lunge, Leber und Außenwelt zusammengerinnende Darm, entstaltet sich wieder zu Außenwelt, Leber und Lunge. Im Koth (im engern Sinn) erschien uns die zukünftige Außenwelt wieder, in den Darmvenen die zukünftige Leber, in den Milchgefäßen die künftige Lunge. — Hiemit wissen wir nun zwar was Koth, Venen und Milchgefäße werden, aber nicht was sie sind. Es ist daher die Bedeutung der Darmvergangenheiten von ihrem Schicksal oder ihrer Metamorphose (von dem wozu sie werden) zu unterscheiden, oder mit anderen Worten: des Darmes Zerfallen zu Lunge, Leber und Außenwelt ist verschieden von dessen Werden zu denselben. Daher haben die Darmvergangenheiten gerade die entgegengesetzte Bedeutung von dem, wozu sie werden. Es widerspricht den polaren Verhältnissen im Thier, daß der Koth die wirkliche Außenwelt (Ueberbleibsel der Speise) sey, indem nur das Ungleichnamige, Nichtaußenweltliche zu derselben zurückkehren, sich in dieselbe verwandeln kann. Es kann hieher nur ein vorwaltend Verthiertes (animalisirtes) gelangen, daher wir im Koth den lungigen und lebrigen Darmtheil, zu welchen der Darm vergehend, zerfällt, erkennen müssen. Denn nur diese verwirklichen gegen die Außenwelt einen solchen Gegensatz, wie er zu der Anziehung, die zwischen Darm und Außenwelt im Kothen sich darstellt, erforderlich ist (daß unverdauete und unverdauliche Speise dem Koth beigemischt seyn könne, ist hiemit nicht ausgeschlossen, obwohl dieß Nebensache ist. Der Koth ist im Ganzen nicht Educt sondern Produkt).

Die Bedeutung des Darmvenensystems (Pfortadersystem) ist auf dieselbe Weise zu finden. Es wird zur Leber. Kann demnach als Leberzukunft nicht schon einmal Leber gewesen, nicht deren Vergangenheit seyn. Daher muß dieses System das Entgegengesetzte und folglich den lungigen und darmigen Darmbestandtheil enthalten und daraus bestehen. Mit dem

Milchsaftsystem, das zur Lunge sich umwandelt, verhält es sich nothwendig eben so. Was schon einmal Lunge war, kann unmöglich wieder von Neuem Lunge werden. Es muß daher von denjenigen Bestandtheilen des Darms, welche zur Erneuung der Lunge dienen und zu ihr wandeln, wenigstens der ausgeschlossen seyn, in welchem der lungige Darmtheil vorwaltend enthalten ist. Denn Lunge und Lungiges stoßen sich als gleichnamige Pole ab; aber Lunge und Darmiges, Lunge und Lebriges ziehen sich als ungleichnamige Gegensätze an. Es wird diesemnach das Milchsaftsystem vorzugsweise den darmigen und lebrigen Darmtheil, des zerfallenen Darms enthalten.

Anmerkung. Daß dieß zu einer dem Thier würdigen Chemie führt, springt in die Augen, und etwas, was noch Niemand gesehen hat, tritt uns hier klar entgegen, nehmlich dieses, daß man der künstlichen Analyse, die ein nothwendiger Theil der Oryktochemie ist, hier in Bezug auf die wissenschaftliche Physiologie, gänzlich überhoben ist; indem die Organe dieß selbst thun und in jedem Augenblick in ihre Bestandtheile zerfallen. Diese Zerfallungen dann richtig zu würdigen ist Aufgabe der Thierchemie, was wir künftig weiter entwickeln werden.

Die Entstehung der Leber durch das Ineinandergehen des Todesprozesses im Darm und in der Lunge.

§. 190.

In Folge unserer Betrachtungen, deren Gegenstände sich uns in der Reihenfolge, wie sie einander Grund des Daseyns sind, darstellen, kommen wir nun zu einem sehr merkwürdigen Organenthier, nehmlich zur Leber. Die Leber ist eine Thierbildung, die ohne Lunge (oder Athmungsorgan) und ohne Darm (oder Dauungsorgan) unmöglich ist; denn sie ist die Synthese, die neue Vergegenwärtigung der Vergangenheiten beider in einem neuen Dritten. Sie unterscheidet sich von Darm und Lunge durch das vollkommene Innerlichgewordenseyn. Lunge und Darm sind halb äußerliche Organe: sie erhalten zum Theil ihre Neuwerdungsmittel aus der Außenwelt (: Luft, Speise). Die Leber ist der Außenwelt ganz entrückt. Sie hat ihr Bestehen durch eine Außenwelt die schon durch Lunge und Darm zur Innenwelt, gleichsam verthiert worden ist.

§. 191.

Wir fanden in unseren frühern Untersuchungen, daß der Athmungsprozeß dem Wesen nach zurückzuführen sey auf einen Lungewerdungs- und einen Lungevergehungsprozeß (§. 87. f.); daß der Dauungsprozeß gleichfalls zurückzuführen sey auf einen Darmwerdungs- und Darmvergehungsprozeß (§. 97. u. f.), daß darin ihr eigentliches Bestehen nicht nur begründet sey, sondern daß auch das Entstehen einer Menge anderer Organenthiere hievon die nothwendige Folge sey. So entstand uns das arterielle Blutsystem und das linke Herz durch den Todesprozeß der Lunge. Die Lunge starb, und lebte in der Arterienbildung wieder auf. Ebenso entstand uns das venöse System und das rechte Herz (in so fern beide vom Darm abhängig sind) und das Milchsaftsystem durch den Todesprozeß im Darm. Der Darm verschied, und lebte in einer Menge von Venen und Saugadern wieder auf.

§. 192.

Diese, von zwei entgegengesetzten Richtungen auslaufenden Zwischenbildungen waren gleichsam das Mittel, wodurch Lunge und Darm in einander wirkten, oder vielmehr (um in unserer Sprache zu reden) zueinander und auseinander wurden. Der Darm bildete sich durch sein Venen= und Milchsaftsystem fortwährend zur Luft hinauf, und wurde zur Lunge; diese gegentheils metamorphosirte sich ohne Unterlaß durch ihr Arteriensystem zum Wasser und zur Erde (= Speise und Trank) hinunter und wurde zu Darm.

§. 193.

Hiedurch gestaltet sich nun nothwendig ein sehr kräftiger Gegensatz, indem an dem einen Ende alles Darmige (das Venöse und Chylöse) zur Lunge, an dem anderen alles Lungige (das Arteriöse) zu Darm wird; also an dem einen Lungenübergewicht, an dem andern Darmüberwiegen vorhanden ist.

§. 194.

Daß zwischen solchen Gegensätzen sich nun eine ausgleichende Zwischenbildung (ein Indifferenzpunkt) gestaltet, ist sehr begreiflich, um so mehr da hier Bildungsmittel genug dazu vorhanden sind. Von solcher Art ist nun die Leber. In ihr hat sich das Lungige und Darmige zu einer Einheit durchdrungen, gleichsam ausgeglichen. Sie ist aus den Todesprodukten beider geworden. Das Pfortadersystem (seinem größten Theil nach ein Darmrückbildungserzeugniß) erstarrt mit der von der Lunge rückbildlich erzeugten s. g. Leberarterie zu dieser eigenthümlichen Bildung: sie verschmelzen zusammen, und das Erzeugniß dieser Verschmelzung ist die Leber.

§. 195.

Wenn nun die Leber den Todesprozessen von Lunge und Darm das Entstehen verdankt, so wird sie ihnen auch das Bestehen schuldig seyn. Das Leberbestehen kann wie das aller Organenthiere nur ein fortwährendes Neuwerden, Neuentstehen seyn. Möglich und wirklich wird solches bei der Leber dadurch, daß Lunge und Darm, so lange sie sind, nie aufhören zu sterben, also nie aufhören der Leber die Neuwerdungsmittel zu erzeugen. Das Lebersehn ist daher begründet in einem steten Leberwerden; einem Vorgange, worin die Leber, gleich Lunge und Darm, ihre Selbstsucht verwirklicht, die auf ein Zulebermachen geht. Sie hat keine andere Beziehung zu dem Venösen des Darms und dem Arterialen der Lunge als diese: beide zu vernichten und in ihr Selbst zu verwandeln.

§. 196.

Da die Leber nur Bestand hat in so fern sie dieses Insichselbstverwandeln ununterbrochen thut, also n so fern sie immer neu wird, so muß auch hier dieser Neuwerdung eine stete Altwerdung, Vergehen gegenüberstehen. Wenn daher einerseits die Leber aus Darmigem und Lungigem gleichsam zusammenrinnt, entsteht, so rinnt sie andererseits wieder zu Darmigem und Lungigem auseinander. Beide haben sich verkörpert zu Gallen- und Venengefäßen der Leber, die einerseits in den Darm, andererseits in die Lunge sich verwandeln, so daß also die Leber wieder zu Darm (der Bedeutung und dem Werth nach) zerfließt, woraus sie geworden.

§. 197.

Wenn uns sonach das Pfortadersystem als der dagewesene, jüngstvergangne Darm, und als das was zukünftig Leber seyn wird (Leberzukunft) erscheint, so tritt uns dagegen in den Gallgefäßen die dagewesene, jüngstvergangene Leber, aber das was zukünftig Darm seyn wird (die Darmzukunft) entgegen. Von einem s. g. Einmünden oder bloßen Verzweigen der Pfortader in die Leber und des Gallengangs in den Darm kann hier gar nicht die Rede seyn; sondern nur von einem Zuleber- oder Zudarmwerden.

§. 198.

Wenn wir ferner in allen Arterien und somit auch in den s. g. Leberarterien zunächst die bereits vergangene, dagewesene Lunge erkennen, dagegen aber die zukünftige, werdende Leber, so bildet sich gegentheils mit den Lebervenen dasjenige wieder aus der Leber heraus, was früher Leber war, in diesem Zustand aber die Zukunft der Lunge bezeichnet, die ja unter dem vielen anderen Venenblut auch das der Leber bekommt und in sich verwandelt. Auch hier kann von keinem mechanischen Vertheilen oder Verzweigen, sondern auch nur von einem Zuleber- oder Zulungewerden gesprochen werden.

§. 199.

In dieser Weise des Leberseyns stellt sich uns demnach ein Austausch der schönsten Art dar. Darm und Lunge verdauen und athmen der Leber die Außenwelt gleichsam vor; aber die Leber ist nicht undankbar, sie arbeitet das noch nach, was beide Organenthiere noch nicht zur höhern Stufe der Verthierung (Animalisatio) zu bringen vermochten. Die Leber reicht dem Darm in den Gallgefäßen eine so saure Nahrung wie sie die Lunge, die nur zu arteriellem Blut und Luft werden kann, nicht zu liefern im Stande ist, und umgewandt bietet sie der Lunge ein so basisches Neuwerdungsmittel in den Lebervenengefäßen, wie es der Darm allein nicht vermögend ist. Es versteht sich, daß diese Vorgänge in dem überhauptlichen Bestehen der Leber selbst ihren Grund haben, und daher unwillkührlich aus innerer Nothwendigkeit daraus hervorgehen. Denn Galle und Lebervenenblut sind ja Auswurf, Koth für die Leber, die sie beide von sich läßt, unbekümmert wohin.

Durch folgendes Schema ist nun das hier von der Leber Gesagte mit einem Blick zu übersehen:

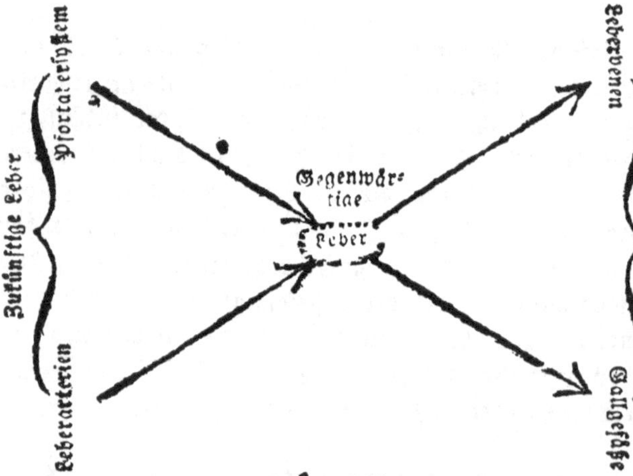

§. 200.

Die mechanisch teleologische Ansicht hat auch in der Leber ebenso wie im Darm keine Einheit zu erkennen vermocht; woraus sich die Bemühungen erklären, um auszumitteln, aus welchem Blut (ob aus dem Leberarterien- oder Pfortaderblut) die Galle „bereitet" oder „abgesondert" würde? Eine Frage die, unter der unerwiesenen Voraussetzung von „Bereiten" oder „Absondern" (wo die Leber etwa so gegen das Blut gestellt wird, wie der Apotheker zum Pflanzensaft, aus dem er ein Extrakt bereitet oder abscheidet) nothwendig, eben wegen gänzlicher Verkennung der Leberlebendigkeit, ungelöst bleiben mußte.

§. 201.

Wir brauchen hier nur das bereits vom Darmleben in Rücksicht auf dessen Rückbildung Gesagte geltend zu machen (§. 97. u. f.) um das Unrichtige einer solchen Frage einzusehen. Denn wie dort, so ist auch hier die Durchbringung und Ineinsbildung beider Lebensmomente (des Werdens und des Vergehens) zu einer Einheit:

zur Leber, das Wesentliche für das Leberseyn überhaupt. Es widerspricht dem Begriff des Thierlebens und somit auch des Leberlebens, wenn man von einem Einmünden der Leberarterien oder der Pfortader in die Lebervenen und Gallgefäße redet. Die Leber ist freilich nur da durch Leberarterie und Pfortader einerseits, und durch Lebervene uud Gallengefäße andererseits; aber diese sind nicht die wirkliche Leber. Reißet diese doppelte Zweiheit auseinander, und es bleibt nichts von dem was man jetzt Leber nennt, da die Leber auf allen Punkten ihrer s. g. Gefäßverzweigung ist und wieder nicht ist, was eben mit der Nothwendigkeit ihrer steten Neuwerdung gegeben ist. Pfortader und Leberarterien rufen nur in so fern die eigentliche Leber ins Daseyn, als sie aufhören, sterben und, wieder zu Lebervenen und zu Gallgefäßen geworden, auferstehen. Der zwischen diesem Zueinanderwerden liegende Punkt ist weder die ein- noch die ausgehenden Gefäße, sondern das Neue, dritte: die Leber, die dem leiblichen Auge eben so wenig rein und frei erscheinen kann, als der sinnlichen Anschauung die Zeitgegenwart, die nur ist, in so fern die Zukunft vergeht. — Da nun also in der wirklichen Leber weder Pfortadersystem noch Leberarterien vorhanden seyn können, noch sind, so ist auch die Frage, ob aus jenem oder diesem die Galle bereitet, gebildet oder abgesondert würde, eine gänzlich überflüssige und unrichtige. Es kann die Leber nichts bereiten und bilden als sich selbst. Wo scheinbar Leberbildungen auftreten, da ist es die Leber selbst zu denselben geworden. Die Leber bildet sonach nicht Galle, sondern wird Galle, sie bildet nicht Venenblut sondern wird, zerfließt zu Venenblut.

Ueberhaupt ist es, wenn man die vielen über die Leber und über deren Wirken vorhandenen Meinungen und s. g. Theorien durchgeht, zum Erstaunen, wie einseitig und oberflächlich man, die Tiefen ihrer Innerlichkeit verkennend, hier meynte und urtheilte. Einer der größten Auswüchse dieser Art ist die noch dazu Erfahrungen für sich anführende Behauptung, daß die Galle schon im Blut vorhanden sey, und nur von der Leber daraus abgesondert d. i. herausgeschieden werde. Erwägt man aber die Thatsachen, die eine Präexistenz der Galle im Blut beweisen sollen, so sind sie nichts weniger als solche: denn ein künstlich erzeugter, bitter schmeckender, Thierstoff ist noch nicht Galle!

§. 202.

Die merkwürdigen Beziehungen, welche die Leber zum Darm hat und zur Lunge, bestimmen uns nun noch zu folgenden Betrachtungen.

Aus dem gegenseitigen Verhältniß von Lunge zu Darm und umgekehrt ist uns bereits (§. 117 und 156.) klar geworden, daß die Rückbildungserzeugnisse der Lunge (Arterien) als derselben gleichnamig (homolog) von derselben abgestoßen, vom Darm aber als demselben ungleichnamig (heterolog) angezogen werden, folglich zu ihm hinwandeln; und daß ferner die Darmrückbildungserzeugnisse (Venen und Saugadern) als demselben gleichnamig, von ihm abgestoßen, aber der Lunge ungleichnamig von dieser angezogen werden. Jetzt hat sich nun die Leber als ein drittes ins Mittel geschlagen, und ist die Pforte geworden, wodurch das was von der Lunge aus zum Darm, und vom Darm aus zur Lunge will erst passiren muß. Denken wir uns nehmlich die Leber weg, so würde das Pfortadersystem ohne Weiteres zur Lunge wandeln und das Arterienblut eben so zum Darm gelangen, wie es mittelst der Darmarterien, beim Vorhandenseyn der Leber, zum Theil noch geschieht. Diese Zwischenstellung der Leber giebt uns nun einigen Aufschluß über die Bedeutung ihrer s. g. Sekretionen.

§. 203.

Die Leber wird nehmlich wie wir bereits (§. 197. und 198.) gesehen haben, aus dem, was früher Darm und Lunge war, und zerfällt, diesem entsprechend, wieder zu dem was künftig Darm und Lunge seyn wird (gerade so wie die Lunge aus Blut und Luft werdend wieder zu Luft und Blut auseinanderwich (§. 89. und 90.). Hieraus folgt, daß dasjenige, was aus der Lunge als Galle und Venenblut heraustritt, einerseits Lunge andererseits Darm seiner Bedeutung nach sey. Diese Bedeutung erkennen wir aus dem Weg, den beide nehmen. Die Galle geht zum Darm, wird von ihm angezogen, sie muß sonach demselben ungleichnamig seyn, hiedurch entfernt sie sich aber von der Lunge, wird nicht von ihr angezogen, folglich abgestoßen, ist also der Lunge gleichnamig. Nun hat aber das der Lunge Gleichnamige, von derselben Abgestoßene (= Arterien) Lungenbedeutung; folglich ist die Galle den Hauptbestandtheilen nach dasjenige, was in der früher vorhandenen Leber das Lungige war. Die Galle ist der wieder zerflossene Lungentheil der Leber (der Hauptsache nach).

§. 204.

Jetzt ist die Auffindung der Lebervenenblutbedeutung nicht mehr schwer. Diese Flüssigkeit kann nur das Entgegengesetzte der Galle seyn, und geht auch geradezu den entgegengesetzten Weg. Sie ist der Lunge ungleichnamig, wird von derselben angezogen folglich vom Darm abgestoßen und ist diesem gleichnamig. Nun hat aber das dem Darm Gleichnamige, von ihm Abgestoßene (= Venen) Darmbedeutung; folglich ist das Lebervenenblut den Hauptbestandtheilen nach dasjenige, was in der früher vorhandenen Leber das Darmige war. Das Lebervenenblut ist dem Wesentlichen nach der wieder zerflossene Darmtheil der Leber!

§. 205.

So hätten wir also in der Leber ein Neutralsalz erkannt, gebildet aus Saurem, (Lungenartigem) und Basischen (Darmartigem); aber ein thierisches Neutralsalz, dessen Wesen darin besteht, daß es nicht wie das mineralische nur einmal wird und dann wieder langsam vergehe, ohne von Neuem zu werden, sondern, daß es unzählige Male in seine Bestandtheile zerfällt nnd ebenso unzählige Male wieder aus neuen Bestandtheilen erzeugt wird. Die chemische Synthese ist gleichzeitig mit der chemischen Analyse in der Leber organisch dargestellt. Sie bildet sich immerfort und zerlegt sich immerfort, und nur zwischen diesen beiden Extremen ist sie selbst etwas Wirkliches.

§. 206.

Diese Unruhe und Flüchtigkeit, dieses Auf- und Niedertauchen aus dem Seyn in das Nichtseyn macht es nun so schwierig, ja unmöglich, durch die Zoochemie auf dem direkten Wege Aufschlüsse über das Stoffverhältniß der Leber so wie aller anderen Organe zu erhalten. Zu bannen und festzuhalten ist hier nichts, wo nur der Wechsel bannt, befestigt und Bestand ertheilt. Könnte man die drei das Leberbestehen bedingenden Momente nur so trennen, daß jedes für sich (nehmlich, 1) das werdende: Leberarterien und Pfortadervenen, 2) das vergehende: Lebervenen und Galleng säße und 3) das zwischen beiden Schwankende: die wirklich gegenwärtige Leber) erforscht werden könnte, so würde und müßte eine stöchiometrische Untersuchung ergeben, daß die wirkliche Leber gerade das Mittel halte zwischen den für ihre Anfangs- und Endpunkte herausgebrachten Zahlen, oder mit anderen Worten: die Leberzahl würde congruent seyn den zusammenadirten und wieder halbirten Zahlen ihrer Werdungs- und Vergehungsmomente.

§. 207.

Was nun die Art und Weise betrifft, wie die Leber wieder rückgängig wird, so brauchen wir hier nur das bei Lunge und Darm in dieser Hinsicht Gesagte zu wiederholen, und auf die Leber anzuwenden: denn das Leben bleibt sich auf den verschiedensten Stufen der Erscheinung dennoch dem Wesen nach immer gleich. Wie die Arterien das selbstständig gestaltete Rückbildungserzeugniß der Lunge sind, (§. 107.) so sind die Gallgefäße die selbstständig organisirten Rückbildungserzeugnisse der Leber. Wie im arteriellen System sich ein Centralpunkt im Herzen und in der Aorta bildete, die nichts weiter als höher entwickelte Arterien waren, (§. 109.) so hat sich auch hier ein Centralpunkt festgestellt, nehmlich in der Gallenblase, die nichts weiter als ein höher entwickeltes Gallengefäß ist. Wie ferner das Arterienblut in steter innerer Veränderung begriffen war, und recht eigentlich durch Wandlung wandelte, scheinbare Ortsbewegung machte, so findet dasselbe nothwendig auch in der Galle statt, die immer theilweise zu den Gallgefäßen wird, und wieder aus zerflossenen Gefäßen hervorgeht. Dieses stete Anderswerden zeigt sich sehr deutlich in der Verschiedenheit der s. g. Lebergalle von der s. g. Blasengalle, die man dadurch zu erklären gesucht hat, daß man meinte, die Galle trockne durch den längern Aufenthalt in der Blase aus, oder werde durch Feuchtigkeitseinsaugung seröser Gefäße entwaffnet. Dieß müssen wir, wie alles Mechanische, was der Idee des Thierlebens widerspricht, durchaus verneinen, und behaupten, die Gallengefäße seyen kein bloßer Behälter für die Galle, kein Aeußeres für dieselbe, sondern beide seyen durch einander bedingt. Die Gallenblase hat sowohl ihr Bestehen durch die Galle, als die Galle durch jene: der einen Tod ist der anderen Lebendigwerden. Die Gallenblase ist, neben den Arterien, welche sie bekommt, der (Leber-) Galle das Neuwerdungsmittel (Nahrung), so wie die Blasengalle, welche in den Darm geht, ihr Altgewordenes, Vergangenes ist, das nebst Anderem die verstorbene Gallenblase enthält. Die Galle der Pferde, Hirsche, Cetaceen (die keine Gallenblase haben), ist von so geringem (Nähr-) Stoffgehalt, daß sich davon keine solche Organisation, wie die Gallenblase anderer Thiere, ernähren kann.

§. 208.

Die eigenthümlichen Gestaltungen der Seite, wodurch die Leber sich andererseits wieder zurückbildet, haben wir im Allgemeinen bereits beim Darm betrachtet (§. 142.) wo wir uns die Leber als nochnichtdaseyend dachten, und das Pfortadersystem unter dem Namen „Darmvenensystem" in seinen Heraufbildungen zur Vena cava und zum rechten Herzen verfolgten. Es kann auch übrigens die Gestaltungsweise der Lebervenen aus der Leber dem Wesen nach keine andere seyn, als die der Darmvenen aus dem Darm.

§. 209.

Hiemit sind wir nun zur Entwickelungsgeschichte jener großen organischen Dreieinigkeit Lunge, Leber,

Darm, die in ihrer Wechseldurchdringung den ganzen Organismus hält und trägt, und der Grund aller ferneren Entwickelungen ist, gelangt. Sie bilden ein großes Ganze und sind einander, wie wir gesehen haben, aus innerer Nothwendigkeit, Mittel und zugleich auch Zweck. Nichts steht einander im Organismus, rücksichtlich der Bildungsstuffe, des Werthes und der s. g. Verrichtungen (Lebensmomente) so nahe, als Lunge, Leber und Darm. Die umfassende Auseinandersetzung dieses Wechselvereins, die gründliche Erkennung, daß er die ganze fernere Entwickelung der mannigfaltigsten Organenthiere ist, muß in Zukunft, wenn auf die vorliegende Weise auf diesem organischen Fundament fortgebaut wird, die bedeutungsvollsten Resultate geben. Auf der angehängten Steintafel haben wir es versucht, das Ineinandergreifen dieser drei merkwürdigen Thiere schematisch darzustellen und anschaulich zu machen. Man vergesse bei Betrachtung dieses Schema's nur nicht, daß wir zunächst durch dasselbe nur die Wechselbeziehung dieser d r e i zu zeigen suchten, und daher die verschiedenen Gefäßverzweigungen unbeachtet ließen. Alles was ferner von ihnen gezeugt und erhalten wird, bleibt der zukünftigen folgerechten Durchführung unserer Lebensansicht vorbehalten, und muß sich an dieses Schema so anschmiegen, wie es bereits mit Milz und Pankreas geschehen ist, die als seitliche Verbindungen von Lunge, Leber und Darm hier noch eine Betrachtung verdienen.

Die Entstehung der Milz und des Bauchspeichlers durch den Todesprozeß in der Lunge.

§. 210.

Bedenken wir, daß der Lunge von Darm und Leber aus zwei Neuwerdungsmittel (Nahrungen) nicht nur, sondern zwei sehr gehaltreiche, so zu sagen mit Stoff überladene, nehmlich Milchsaft und Venenblut, zukommen, und daß von deren beiden Rückbildungserzeugnissen nur das Mindermaterielle (die ausgeathmete Luft) in die Außenwelt, das andere vorwaltend stoffige (Arterien nebst Inhalt) aber in die thierische Innenwelt gelangt, und erinnern wir uns, daß zwei der Darmrückbildungserzeugnisse nehmlich das eine (der Milchsaft) direkt, das andere (das Venenblut) indirekt (durch die Leber hindurch) zur Lunge gelangen, indeß das dritte sehr vorwaltend stoffige Rückbildungserzeugniß (der Koth) in die Außenwelt geht, so ist klar, daß in der Lunge im Verhältniß zum Darm, ein Uebergewicht verthierten (animalisirten) Bildungsstoffes eintreten müsse. Da nun dieser Bildungsstoff (Neuwerdungmittel) vorzugsweise vom Darm stammt, und eben wegen dieser Abstammung und relativen Gleichnamigkeit nicht wieder von Neuem zur Fortbildung und Erneuerung des Darms, der ohnehin der Hauptsache nach von der außenweltlichen Speise lebt, dienen kann, so erfolgen, indem die vergangene, rückgebildete Lunge (Arterien nebst Inhalt) zur freithätigen (Gefäß-) Gestaltung gelangt, Spaltungen und Trennungen (Gefäßverzweigungen) dergestalt, daß nicht die ganze zurückgebildete Lunge, sondern nur ein Theil derselben, und zwar, wegen des kräftigen Gegensatzes gegen den Darm, nur der vorwaltend lungenhafte (mehr geluftete) im Darmarterienblut zum Darm gelangt, indeß die anderen mehr Darmiges enthaltenden Theile einen anderen Weg nehmen und in anderen Gestaltungen sich verwirklichen. Dasselbe findet in Bezug auf Lunge und Leber statt. Der Lebertheil der zerfallenen, zurückgebildeten Lunge wird wegen der Gleichnamigkeit nicht wieder zur Leber gelangen, sondern gleichfalls einen anderen Weg nehmen, und auf diesem

Wege

Wege sich eine selbstständige Gestaltung erringen, so daß die aus Darm, Leber und Luft zusammengeronnene Lunge, wieder zu Darm, Leber und Luft zerrinnend, der Bildungsheerd anderer neuerer Organenthiere wird, nehmlich zunächst der Milz und des Bauchspeichlers.

§. 211.

Da nun durch die Luft die Lunge erst Lunge wird und ist, und so mit ein Neues (Darm und Leber) Fremdes, ihnen Ungleichnamiges in die Lunge kommt, so wird dasjenige Arterienblut, welches von der Lunge aus zum Darm und zur Leber geht, ein vorwaltend lungenhaftes, gelüftetes seyn; dagegen werden Milz und Pankreas sich aus dem Darmigen und Lebrigen der zerfallenen Lunge hervorbilden.

§. 212.

Hienach fragt sich nun, in welcher von beiden Bildungen das Darmige, und in welcher das Lebrige wiederkehre; oder mit anderen Worten: ob die Milz oder der Bauchspeichler als die neue Gestaltung des lungigen Darm- und Lebertheils zu betrachten sey? — Eine schwer zulösende Frage für denjenigen, der nur durch mechanische oder teleologische Gründe sich bestimmen läßt, aber leicht löslich für den, der die Allgemeingültigkeit und das Ueberallwiederkehren der Gesetze des Gegensatzes (Polarirät) erkannt hat, und deren mineralische Verwirklichung auch abbildlich im lebendigen Thierleib wiederzuerblicken vermag.

§. 213.

Dasselbe Mittel, welches wir bei der Leber (§. 203 — 204.) anwandten, um die Bedeutung ihrer Zerfallungen in Gallen- und Venenblut zu erfahren, wird uns sonach auch hier erkennen helfen, ob Leber oder Darm in Milz und Pankreas neu gestaltet wiederkehre, indem wir nur nachzusehen brauchen, wohin (ob zum Darm oder zur Leber) deren Rückbildungserzeugnisse fließen.

§. 214.

Wir haben bereits beim Wandel des arteriellen und venösen Blutes im Allgemeinen, und beim Wandel der Lebergalle und des Lebervenenbluts im Besonderen erkannt, daß auch im lebendigen Thierleib einander das Gleichnamige (= + : + oder = − : −) fliehe, das Ungleichnamige (= + : −) dagegen ziehe. Da nun Gleichnamigkeit mit Gleichbedeutenheit, und Ungleichnamigkeit mit Verschiedenbedeutenheit zusammenfällt, so werden wir aus dem Zuge oder der Flucht nach oder vor dem Darm, nach oder vor der Leber, oder mit anderen Worten, aus dem Angezogen- oder Abgestoßenwerden der Milz- und Bauchspeichlerkothe (Rückbildungserzeugnisse) durch Darm und Leber erkennen können, weß Stoffes Kinder sie sind, ob des Darm- oder der Lebertheils der Lunge.

§. 215.

Betrachten wir zuerst die Milz, so finden wir, daß ihre Zukunft zunächst der Lunge, ihre Vergangenheit dagegen der Leber angehört: die Milzarterie stammt von der Lunge, und die Milzvene geht, das Pfortadersystem mitbilden helfend, in die Leber; ein anatomisches Verhältniß, das physiologisch gedeutet also heißt: die Milz, obgleich direkt von der Lunge stammend, ist ein Kind des Darms; indem der Darmbedeutung habende, vom Darm stammende, Theil der Lunge (der nicht zur Neuwerdung der Leber verwandt wurde) sich hier zur Milz individualisirt hat. Dieß folgt nothwendig daraus, daß die Milzvene in die Leber geht. Das

Jndielebergehende kann aber nur Lungiges oder Darmiges seyn, denn die Leber wird ihren eignen Koth nicht wieder von Neuem verzehren, gesetzt auch, daß er durch die Lunge gewandelt sei. Nun hat aber das Lungige der Lunge, das vorwaltend Geluftete, schon seine Bestimmung als Nährendes für Darm und Leber (im Darm- und Leberarterienblut) gefunden (§. 211.) und das Lebrige der Lunge kann nicht in die Milz gehen, weil die vergangene Milz in die Leber geht, zur Leber wird; es muß folglich der Darmtheil der Lunge oder der darmige Lungenbestandtheil das seyn, was uns als Milz, in eigenthümlicher Gestaltung, wieder entgegentritt.

§. 216.

Dieses wirklich überraschende Resultat unsers folgerechten Schließens wird keineswegs durch das sonstige Verhalten der Milz, wie es auf den ersten Blick hin scheinen möchte, widerlegt. „Die Milz hat Darmbedeutung" klingt allerdings etwas auffallend, wenn man deren blühende Röthe mit der Bleichheit des Darms vergleicht. Allein man bedenke nur, daß die Milz ein Darm ist, der bereits schon Lunge war, daher hier die blutige Lungennatur gleichsam als Erbtheil wiederkehren muß; außerdem hat die Milz viel Darmähnliches z. B. daß sie, wie der Darm, das saure Lungenblut (denn obgleich die Milzarterie den Darmtheil der Lunge enthält, so ist dieser doch nothwendig ein saurer, ein lungenhafter, gelufteter) in ein basisches verwandelt, und daß endlich die Milz gegen die Lunge in einem solchen Gegensatz steht, der dem, zwischen Darm und Lunge, zwar nicht gleichwerthig, doch damit vergleichbar ist. Denn die Milz ist geradezu eine umgekehrte Lunge. Sie ist das was die Lunge im Foetus ist: der Luft entbehrend, aus arteriellem Blut werdend und zu venösen Blut wiederzerfließend; indeß die gewöhnliche Lunge neben der Luft aus venösem Blut wird und zu arteriellem Blut und zu Luft zerfließt.

§. 217.

Der Bauchspeichler macht uns wegen seiner höchst eigenthümlichen Zerfallung schon mehr zu schaffen. Bisher fanden wir immer, daß die Organe in ihren Werdungs- und Vergehungsmomenten sich völlig consequent blieben, daß beide Seiten gleichsam einander deckten, indem der Vergehungswege nicht mehr waren als der Werdungswege, und umgekehrt. Die Lunge wurde aus Luft und Blut, und zerrann wieder zu denselben (§. 89.) der Darm wurde aus Lunge, Leber, Speise, und zerrann wieder zu denselben (§. 103.) die Leber wurde aus Lunge und Darm, und zerfloß wieder zu Darm und Lunge (§. 196.). Ebenso die Milz. Dem einfachen Werden aus Blut (aus Arterien) steht das einfache Vergehen zu Blut (zu Venen) gegenüber. Hier beim Bauchspeichler tritt nun eine ganz neue Erscheinung in die Wirklichkeit; indem dieses Organenthier aus einem Einfachen (Art. pancr.) wird, aber nicht wieder zu einem Einfachen, wie die Milz, sondern zu einem Zweifachen zerfließt, nehmlich zu Bauchspeichel und Venenblut, die beide als dessen gestorbenes, im Sterben aber entzweietes Selbst (also nicht als etwas Bereitetes, sondern als etwas, wozu das Pankreas selbst geworden) betrachtet werden müssen.

§. 218.

Diese zweifache Zerfallung des Bauchspeichlers in Speichel und Venenblut, wovon der erstere zum Darm, das letztere zur Leber (das Pfortadersystem bilden helfend) gelangt, nöthigt uns es auszusprechen, daß das in der Art. pancr. dem Pankreas von der Lunge aus zukommende Neuwerdungsmittel ein ganz anderes Blut seyn müsse, als das, welches Darm, Leber und Milz von der Lunge erhalten; sonst wäre es unerklärlich, wie aus demselben sich so Verschiedenes gestalten könne. Gleiche Ursachen bringen nicht ungleiche Wirkungen hervor!

§. 219.

Es fragt sich nun, welche Bedeutung das Blut habe, welches dem Bauchspeichler Fortbildungsmittel ist? — Dieß ist nur, wie bei den anderen Organenthieren, durch richtige Würdigung der Rückbildungserzeugnisse zu beantworten. Ein Rückbildungserzeugniß desselben, der Bauchspeichel, geht zum Darm. Dieser Gang deutet uns an, daß dessen Abstammung keine darmige sey, oder daß der Bauchspeichel höchstens nur sehr entfernt mit dem Darm verwandt seyn könne (welches „Verwandtseyn" im physiologischen Sinn zu nehmen ist und auf Abstammung deutet). Das zweite Rückbildungserzeugniß, die Venen mit ihrem Inhalt, verfügt sich mittelst der Pfortader in die Leber. Ein Umstand, wodurch es kund wird, daß dieses Erzeugniß, eben weil es der Leber zur Nahrung diente (die wie jedes Organenthier ihren eigenen Koth nicht zur Neuwerdung gebrauchen kann), nichts Lebriges (was früher schon einmal Leber war) enthalten könne. Denn Gleiches und Gleiches flieht, Ungleiches zieht einander.

§. 220.

Erinnern wir uns nun, daß es beim Sterben der Lunge mit dem Zerfallen in ein identisches Arterienblut nicht sein Bewenden hatte, sondern daß dieß Arterienblut nothwendig in bestimmte Bestandtheile auseinanderwich; nehmlich in solche, die den Bestandtheilen entsprechen, woraus die Lunge selbst sich zusammensetzte (§. 136); erinnern wir uns ferner, daß Darm und Leber von der Lunge nur den eigentlichen lungenartigen Theil, die Milz den darmartigen Theil zur Neuwerdung erhielten, so wird es wahrscheinlich, daß der lebrige Lungentheil, in welchen die Lunge rückbildlich sich gleichfalls zerspaltet, vorzugsweise derjenige sey, der dem Pankreas das Entstehen vermöglicht und das Bestehen fristet. Dieß würde nun zwar erklären, warum der Bauchspeichel nicht zur Leber sondern zum Darm geht; aber für die Abkunft des Venenbluts ist hier noch nichts gewonnen. Es geht zur Leber, kann folglich nicht von der Leber stammen. Es muß daher das Neuwerdungsmittel des Pankreas (Art. pancr.) außer dem lebrigen Lungentheil noch einen anderen, entweder den lungigen Lungentheil oder den darmigen Lungentheil enthalten. Hier wird uns, wir gestehen es, eine bestimmte Entscheidung etwas schwer, da uns diese Verhältnisse noch nicht so klar sind, um das Wie? der sicher auch hier waltenden Nothwendigkeit zuerkennen. Es scheint uns, als hätte der Darm Antheil an dem Entstehen und Bestehen des Pankreas, so daß der lebrige Lungentheil hier zugleich mit dem darmigen Lungentheil zu einer Einheit zusammen getreten sey.

§. 221.

Diese hier nur muthmaßlich gegebene Deutung erhält eine große Wahrscheinlichkeit durch eine, hier nachzuweisende Analogie mit der Leber. Es ist über allem Zweifel erhaben, daß die Leber, aus Lunge und Darm geworden, auch wieder zu Lunge und Darm wird, die einander in derselben kreuzen, und einen Weg nehmen, wie die Gesetze des Gegensatzes ihn gebieten (§. 203 und 204).

Sollte nun beim Pankreas nicht dasselbe obwalten? Sollte seinem Zu- Darm- und Leberwerden (anders kann nehmlich auch hier nicht die Beziehung dieses Organenthiers zu Darm und Leber betrachtet werden, — daß der Bauchspeichel zum Flüssigmachen der Speisen diene, ist teleologisch und darum unrichtig) nicht auch ein Entstehen aus Darm und Leber gegenüberstehen? So daß also wirklich die bildenden Bestandtheile des Pankreas ein darmiger und lebriger Lungentheil wären, ebenso wie seine beiden Zerfallungen dieses sind.

§. 222.

Wir hätten diesemnach im Pankreas eine Leber, die, anstatt daß die gewöhnliche Leber von Lunge und Darm lebt, von Leber und Darm die Neuwerdungsmittel erhält; welche Neuwerdungsmittel hier ihren Weg durch die Lunge nehmen (erst Lunge gewesen sind), indeß bei der eigentlichen Leber Lunge und Darm geradezu zur Leber werden.

Auf der beigefügten Steintafel haben wir auch diese Beziehung zu versinnlichen gesucht.

Schuldige Anerkennung der Leistungen Anderer in der Wissenschaft der Thierlebensform.

§. 223.

Wie gerne leisteten wir hier einem innern Antriebe zur Darstellung eines Grundrisses der Geschichte der wissenschaftlichen Physiologie, die einzig und allein den Deutschen ihre Entstehung zu danken hat, Folge, wenn das Wollen dieses zu thun mit der Kraft und Ausdauer es zu vollbringen in gleichem Verhältnisse stände. Es ist wahrlich kein Geringes die vielen Andeutungen, Entwickelungen und Bestrebungen zur Begründung der Wissenschaft des Thierlebens, wie wir sie bei Schelling, Steffens, Dömling, Görres, Troxler, Walther, Reil, Schelver, Malfatti, Bartels, Kielmeyer, Schmidt, Kesler, Wilbrand, Gruithuisen, Burdach, Wagner, Neumann, Oken, Kieser, Döllinger, Nasse, und Anderen finden, zu einem organischen Ganzen, zur Geschichte, zusammen zu reihen und mit einer umfassenden Kritik zu begleiten. Dieß liegt aber außer den Grenzen dieser Schrift, die hier nur das berücksichtigen kann, was zunächst mit den in ihr niedergelegten Ansichten zusammenstimmt, durch deren Anführung sie sich die Beglaubigung ihres Inhalts von einer anderen, gleichsam objektiven Seite her verschafft, indem sie die subjektive Beglaubigung selbst enthalten muß. —

§. 224.

Zuerst und vor allen muß hier Wilbrand genannt werden, ein Mann der das Thierleben in seinen tiefsten Gründen erfaßt, erkannt und dargestellt hat. Jede von Wilbrand's Schriften ist die lebendige Verwirklichung der einmal als wahr erkannten Idee des Lebens, die überall in denselben mit einer Beharrlichkeit und Folgerichtigkeit nachgewiesen ist, wie sie nur die innere Ueberzeugung von der Wahrheit verleihen kann. Es wäre unbegreiflich, wie die in sich klaren Darstellungen dieses Forschers, wie seine tiefen, dem Leben würdigen und das Leben würdigenden Ansichten so lange hätten unerkannt und unbeachtet bleiben können, wenn uns nicht die Geschichte der Wissenschaften lehrte, daß alles wahrhaft Große und Folgenreiche, zu einer Zeit gezeugt, wo es, kein empfängliches Gemüth findend, als Vorauseilung des Zeitgeistes erscheint, erst eine längere Zeit im Verborgenen sich gleichsam erst stärken nnd stählen und vom jugendlichen Alter zum männlichen heranreifen mußte, ehe es ins Leben der Menschheit eingreifen und hier sich geistig fortzeugen und wiedergebären konnte. Seit beinahe zwei Jahrzehenden ist Wilbrands Stimme die eines Propheten in der Wüsten. Die Physiologen vernehmen sie nicht, und bei seinen Schülern widertönt sie nicht. Noch nirgend ist uns der Fall aufgestoßen, daß man Wilbrand anerkannt, auch nur beachtet oder genügend erwähnt hätte. Ist daran die Flachheit des Zeitgeistes oder die Tiefe seiner Lehre Schuld? Das Erstere zu behaupten wäre ungerecht, wenn man die anderweitigen Leistungen betrachtet, die das Gegentheil beweisen; das Letztere anzunehmen, finden wir uns aber berechtigt, denn wirklich sind die Leistungen Wilbrands von der Art, daß sie als Epoche machende in der Physiologie betrachtet werden müssen. Beschränkte sich Wilbrands Verdienst auch nur bloß darauf, gezeigt zu haben, daß es keinen wirklichen Blutumlauf giebt, so würde dieß allein schon hinlänglich gewesen seyn, ihm in der Geschichte der Physiologie ein unvergängliches Denkmal zu setzen. Aber Wilbrand hat mehr gethan als dieses. Er hat den Organismus in seiner Totalität nicht nur angeschaut, sondern er hat auch in jedem Einzelnen desselben diese Totalität wiederum erkannt, und, was das Wichtigste ist, gründlich und faßlich dargestellt. Die Entdeckung des „Blutwandels“ — wie forthin die scheinbare Ortsbewegung des Bluts, bisher „Blutlauf“ und „Blutumlauf“ genannt, bezeichnet werden muß — ist nur ein einzelnes Resultat seiner umfassenden Idee des Thierlebens, das ihm nur ein Wirkliches, Reales ist in dem steten Wechsel (Metamorphose); mit welcher Einsicht alle bisherige Teleologie und Mechanik aus der Physiologie verbannt ist. Von einem mechanischen Safttreiben aus einem Gefäß in das andere, aus den

Arterien in die Venen u. s. w. darf, nachdem Wilbrand, gestützt auf die Genesis des Thierreichs, gestützt auf die Beobachtung der feinsten Gefäßpräparate und — — gestützt auf die Beobachtung der Substanz eines jeden Organs im lebenden Körper, dessen Unstatthaftigkeit nachgewiesen hat, im Ernst nicht mehr die Rede seyn. W. zeigte daß sich in der Regel „alle Gefäße arterialer Natur in ihrer endlichen Verjüngung ganz in die Substanz eines jeden Organs auflösen, und daß ebenso aus der Substanz des Organs in der stäten Metamorphose mit der Erzeugung des venösen Bluts und der Lymphe die feinsten Anfänge des venösen Systems und der Lymphgefäße stätig hervorgebildet werden.“ Diese wichtigen Resultate, die besonders in der Schrift: Das Hautsystem in allen seinen Verzweigungen. Giessen 1813. durch Benutzung unzweifelhafter Thatsachen und folgerechten Geltendmachens der Analogie errungen, überhob uns nun in der vorliegenden Darstellung jeder anderweitigen Beweisführung als der, welche sich mit Nothwendigkeit aus den erkannten Lebensgesetzen ergaben. Ueberhaupt können wir unsere ganze Darstellung nur als eine weitere Ausführung und als eine von einer anderen Seite her versuchte Begründung der Wilbrandischen Ansichten geltend machen, wobei uns der eigenthümliche Gang in unsern Entwickelungen und Darstellungen genugsam des Vorwurfs einer einseitigen Compilation und einer nur zu sehr Mode gewordenen Abschreiberei entrückt. Fast überall stießen wir, mit beharrlicher Consequenz die erkannten Lebensgesetze ins Einzelne verfolgend, auf Uebereinstimmungen mit Wilbrand; wovon das erkannte Wesen des Respirationsprozesses, die Nothwendigkeit der steten Metamorphose, nicht nur im Flüssigen sondern auch gleichzeitig im Festen, die

Bekämpfung der einseitigen Ansicht vom „Bereiten und Absondern," das Geltendmachen der Selbstsucht der Organe u. s. w. die einleuchtendsten Beyspiele geben. Wir sind auf diese Weise von einer ganz anderen Seite her zu denselben Resultaten gelangt, wie wir sie bei Wilbrand finden, und können dieß mit vollem Rechte als einen wichtigen Beweis für die Wahrheit dieser Ansichten geltend machen. Daß hiebei nun aber manches anders und bestimmter sich gestaltete, auch manche Abweichungen sich ergaben, steht zu erwarten. Dieß gilt unter andern von der Wilbrandschen Darstellung des s. g. Verdauungsgeschäfts *) die der gangbaren Meinung von einem hier erfolgenden Bilden und Bereiten assimilirbarer Stoffe aus der Speise — wobei, wenn man auch die Mund- und Magenwirkung eine „organisch-lebendige" nennt, beide dennoch als Aeußeres, Maschinenartiges erscheinen — noch etwas zu viel einzuräumen scheint. Wir sagen „scheint," denn in Wahrheit wird Wilbrand vom Darm und seinem Wirken dasselbe behaupten, was er von der Leber sagt „von der es sich von selbst versteht, daß alles Blut welches in die Leber hineinströmt, in der steten Bildung der Leber verbraucht wird, und daß das venöse Blut, was sich wieder in den Lebervenen sammelt, sich von Neuem in der Leber erzeugt" **) bedeutungsvoll hinzusetzend: „wie dieses überall der Fall ist." Zwar darf man diesen Satz nicht unbedingt auf das was im Magen und Darm geschieht übertragen, denn diese bekommen nicht wie die Leber die schon verthierte,

*) J. B. Wilbrand: Physiologie des Menschen, Giessen 1815. §. 86 — 90.

**) Eben das. S. 202. §. 358.

gleichsam vorgekauete Speise, sondern sie bekommen eine rohe, außenweltliche die sie sich selbst erst kauen, verähnlichen müssen, ehe sie zu ihrem eigenen Selbst werden kann. Dieses Verähnlichte nun, das seiner Bedeutung nach die Darmzukunft ist, im Chylus zu erblicken, ist darum unrichtig, weil dieser erst in den chylösen Gefäßen sichtbar wird, und sonach nichts mit der Darmzukunft zu thun hat, sondern die Vergangenheit des Darms darstellt (Vergl. §. 165.). Wonach denn das Leibernähren nicht durch die s. g. Speisenverdauung, sondern durch die Darmverdauung geschieht, indem nicht die getödtete und verähnlichte Speise, sondern der getödtete und vergangene Darm in den Leib kommt, und daselbst unter andern als chylöses System wiederauflebt. — Wir wünschen daß Wilbrand dieses beachten möge, ebenso wie wir ihn gleichfalls ersuchen möchten, seine Theorie der Sinne einer neuen Revision zu unterwerfen, nicht als ob wir sie für unrichtig und nicht folgerecht hielten, sondern weil die organische Beziehung der s. g. Naturqualitäten, die, wie man sich auszudrücken pflegt, „empfunden" werden (Schmeck- Riech- Hör- Sehobjekte) nicht genug herausgehoben ist, um die Allgemeingültigkeit folgenden Satzes einzusehen;

„Jedes Organ ist zunächst nur seiner selbst wegen da; aber dieses Daseyn des Organs ist nicht anders möglich als so, daß dasselbe zugleich in die umgebende Natur organisch eingreife. Was man daher von dem Nutzen eines Organs und überhaupt von seiner teleologischen Bedeutung gewöhnlich angiebt, ist nur sekundär, ist gleichsam nur eine Folge des Daseyns dieses Organs."*)

*) Physiologie des Menschen. Giessen 1815. S. 200. §. 355.

Daß dieß bei den Sinnorganen, die bis dahin der Teleologie noch die bequemste Stütze waren, sich eben so verhalte, leuchtet von selbst ein, und ist auch Wilbrands Ueberzeugung, obwohl es bei Betrachtung derselben nicht bestimmt genug ausgesprochen ist. — Das Farbenlicht bewirkt die Augenernährung (Fortbildung) und weiter nichts, die s. g. Klangfiguren sind Ohrnahrung und weiter nichts, und das was in Folge dieser Ernährung ferner geschieht (die Rückbildung, das Vergehen) giebt erst die s. g. Sensationen, die uns ihrem Wesen nach kein Abspiegeln des Farbenlichts auf der Netzhaut, und kein Anstoßen der Schallstrahlen und Figuren an den Hörnerven verdeutlichen kann, wie uns dessen die Mechaniker gern überreden möchten (Vergl. §. 171. u. f.). Es würde uns zu weit führen, wenn wir hier alles das anmerken wollten, worin wir in unserer vorliegenden Darstellung mit Wilbrand zusammenstimmen; daher mag es genug seyn, wenn wir gestehen, daß wir, um diesem Genüge zu leisten, den Hauptinhalt aller seiner Werke geradezu abschreiben müßten; denn nur die Art der Darstellung nicht das Wesen in der Erkennung der Gegenstände ist hier das Unterscheidende. —

Eine Erörterung möge hier nun noch schließlich Platz finden: Warum wir Wilbrand als denjenigen hinstellen, mit welchem eine neue Epoche der wissenschaftlichen Physiologie beginnt, da man die Einsicht der steten Metamorphose nicht nur, worauf hauptsächlich W. Lehre sich gründet, sondern auch das Grundgesetz des Thierlebens schon bei vielen anderen ausgesprochen findet (namentlich bei Oken*) durch die allgemeine Formel: + o —) indem wir antworten, daß nicht dieses, sondern die vollendete Durchführung,

*) Oken: Die Zeugung. Bamberg 1805. S. 23. u. folg.

und das Ueberallnachweisen im Einzelnen es ist, was W. so hoch stellt. Denn nur dadurch, nicht aber durch das bloße Aussprechen des Prinzips, ohne gleichzeitige Begründung durch Nachweisen im Speciellen, wird es klar, daß der Aussprecher von der Wahrheit des Gesprochenen so recht innig durchdrungen und überzeugt ist. Wer einen aus höheren Gründen abgeleiteten Satz bloß ausspricht und die Mühe der wissenschaftlichen Begründung durch Sammeln und richtiges Deuten der Erfahrung Anderen überläßt, hat zwar Anerkennungswerthes geleistet, aber doch nur halb zu Ende gebracht was ganz geschaffen werden muß.

§. 225.

Kieser. — Nächst Wilbrand hat, nach unserer Ueberzeugung, Niemand klarer das Leben des Einzelnen erkannt als Kieser, und was das wichtigste ist, es ist von Niemandem umsichtiger mit unerschütterlicher Consequenz in allen einzelnen Erscheinungen des kranken Organismus nachgewiesen als von diesem Forscher. — Das System der Medizin von Kieser ist auf das unumstößliche Princip gegründet, nach welchem das Leben

„als ein Oscilliren zwischen zwei sich polar entgegengesetzten Punkten"

angeschaut nnd als wirklich begründet wird; welche Punkte mit den von uns bestimmter als Werden und Aufhören, Entstehen und Vergehen, Fortbilden und Rückbilden u. s. w. bezeichneten zusammen fallen, so daß unser aus der Zeitlichkeit des Lebens hergeleitetes Prinzip ganz dasselbe ist mit dem obigen, dessen Nothwendigkeit und Wirklichkeit Kieser auf einem anderen Wege genügend dargelegt hat. Das was Kieser Oscillation nennt ist folglich auch ganz gleich mit dem was wir „Bestand" genannt haben, welcher das Schwebende, Schwankende zwischen den beiden polar entgegengesetzten Punkten des Werdens und Vergehens darstellt. Der Lebenslauf der Krankheit, die nach diesem Prinzip nothwendig ein Leibliches und Geistiges in innigster Durchdringung, ein lebendiger Leib, kurz ein Thier im Thier ist, wird in diesem System so in seiner Auf- und Absteigung, in seiner Evolution und Revolution, veranschaulicht, als es nur durch die strenge Wissenschaftlichkeit, die sich in Kieser recht eigentlich vermenschlicht hat, möglich ist. Es wird hier eine aufsteigende Hälfte, die dem Entstehen, und eine absteigende, die dem Vergehen entspricht, nachgewiesen, woraus sich dann von selbst die s. g. Krankheitsstadien ergeben.

Die s. g. kritischen Ausleerungen sind Kiesern nichts weiter als der gestorbene, wiederzerflossene Krankheitsorganismus. Der Eiter ist nichts Bereitetes und Abgesondertes des entzündeten Organs sondern der als Entzündung sich darstellende Krankheitsorganismus selbst in der Vergangenheit, in der Verflüssigung. Die entzündete Geschwulst erstirbt zu Eiter, einem Todesprodukt, das wieder neueren Thieren zur Entstehung und Neuwerdung dient, die als s. g. Granulation erscheinend, aus der Vergangenheit des kranken Organismus sich durch Anforderung des gesunden hervorbilden. Diese durchgreifende Ansicht, die bei jedem krankhaften Lebensvorgang geltend gemacht wird, indem überall „der Genesungsprozeß des Krankheitsorganismus" erscheint, ist nun diejenige, welche wir hier vorzugsweise anzuführen hatten, um die Uebereinstimmung mit der unserigen darzuthun; denn man braucht nur das, was Kieser von der Entsteh- Besteh- und Vergehweise des Krankheitsorganismus sagt, auf den gesunden zu übertragen, so hat man dem Wesentlichen nach unsere oben entwickelte Lebensweise der Organe und des Organismus; um so weniger wunderbar, da unser beider Prinzip identisch, und Krankheit und Gesundheit auch nur in Bezug auf ein Anderes verschiedene, an sich aber völlig identische Erscheinungen sind.

Am bedeutungsvollsten offenbart sich aber Kiesers Ansicht vom Leben in der nähern Bestimmung der chronischen Krankheit. — Die chronische Krankheit ist ein relativ dauernder Zustand, und kann somit dem gesunden als einem gleichfalls bestehenden und dauernden gegenübergestellt werden. Und hiebei zeigt sich nun, daß Kieser die Zeitlichkeit des Lebens, das nur im steten Einanderfolgen seiner Momente wirklich ist, aufs klarste im chronischen Krankheitsprozeß erkannt und nachgewiesen hat. — In unsern hier vorliegenden Untersuchungen bewährt sich der Satz:

daß das dauernde, bestehende, gesunde Leben in seiner Verwirklichung als Gesundheitsorganismus es nur durch die Wiederholung des ersten gesunden Lebensaktes sey;

welchen wir nun bei Kiesern in Bezug auf die Kehrseite der Gesundheit, nehmlich in Bezug auf die Krankheit, wiederfinden:

indem das dauernde, bestehende, kranke Leben in seiner Verwirklichung als Krankheitsorganismus (chronische Krankheit) es nur durch die Wiederholung des ersten kranken Lebensaktes ist; was Kieser so ausdrückt:

„Chronische Krankheit ist eine Reihe unmittelbar auf einander folgender gleichnamiger Krankheitsprozesse,

prozesse, so daß der nachfolgende Krankheitsprozeß eintritt, ehe der frühere völlig geendigt hat." *)

Beziehen wir diesen Satz auf das gesunde Leben, so hat er hier dieselbe Gültigkeit wie bei Kieser aufs kranke bezogen, indem er durch die vorliegenden Untersuchungen hinlänglich bestätigt wird, und folgendermaßen lautet:

die chronische (dauernde) Gesundheit ist eine Reihe unmittelbar auf einander folgender gleichnamiger Gesundheitsprozesse, so daß der nachfolgende Gesundheitsprozeß eintritt, ehe der frühere völlig beendigt ist.

Dieß Wenige mag genug seyn, um unserer Zeit, die leider noch nicht reif genug zu seyn scheint, Kiesers inhaltschweres System der Medizin völlig in sich aufzunehmen, zu zeigen, wie Resultate, die von einer ganz anderen, gleichsam gesunden Seite her gewonnen wurden, mit dem Hauptsätzen dieses Systems durchaus zusammen stimmen, und beide sich dadurch wechselseitig begründen.

§. 226.

Oken. — Es ist noch gar nicht zu bestimmen, was die Thierwissenschaft Oken verdankt, indem die Keime, welche sein Genie, mit bewundernswürdigem Scharfblick, überall hingelegt hat, noch in reger Entwickelung begriffen sind. Dieß gilt unter anderen von dem, was Oken in seinen Werken: die Zeugung, und Lehrbuch der Naturphilosophie III. vom Urbilden und Entwickeln des Organischen niedergelegt, und worin derselbe eine Theorie begründet hat, die über die Fortbildungsgeschichte des Thiers das größte Licht verbreitet, und nur darum, weil sie noch nicht bis ins Einzelnste durchgeführt worden,

*) D. G. Kieser System der Medizin Halle 1817. 1. Bd. S. 400. §. 427.

von Manchen noch Widerspruch und Nichtanerkennung erfährt. — Wir glauben in vorliegender Arbeit eine kleine Erweiterung der Okenschen Zeugungstheorie geltend machen zu können: indem wir in obiger Entwickelungsgeschichte des Thiers (§. 28. u. f.) 1) vom Urthier (das mit dem Okenschen Infusorium identisch gesetzt werden kann) als Grundlage des ganzen Thiers, das nur als eine Vervielfachung dieser Urthierchen betrachtet wird (woraus denn als wichtiges Resultat die Bedeutung des Organs = Thier im Thier hervorgeht) ausgehen, und 2) dieser Ansicht nach ganz folgerecht, im Gegensatz einer Synthese aus Urthierchen auch ein Wiederzerfallen, eine Analyse der Organe in Urthierchen und Thiere setzen, die aber nicht in die Außenwelt zurückkehren, sondern bleibende Theile des Organismus sind. Auf diese Weise entstand nun das Arteriengefäßsystem durch die Zerfallung des Lungenthiers in kleinere Thiere; das venöse und chylöse durch Zerfallen des Darmthiers in kleinere Thiere. (Man vergl. §. 106. u. f. und §. 142. u. f.). Zerfallungen, in denen wieder auf gewissen Punkten das Streben nach Einheit in der Synthese sich offenbart, die sich uns in den beiden Herzen, der Aorta und Lungenarterie, der Hohlvene und Lungenvene darstellen, in denen die Mannigfaltigkeit der Gefäßthiere wieder zu einem Gefäßthiere sich ausgeglichen hat. — Wir sagen, daß dieses nothwendig aus Okens Zeugungstheorie folgt: denn wenn die entfernteren Bestandtheile des Thiers: Thiere (Urthier, Infusorium) sind, so wird das, was aus ihnen wird, oder vielmehr, wozu sie werden: die nähern Bestandtheile des Thierorganismus (die s. g. Organe) — gleichfalls Thierbedeutung haben müssen; und ist dieß, so werden sie auch, aus Thieren werdend, wieder in Thiere zerfallen können, wodurch dann ein anderer Satz von Oken seine Anwendung erhält, der nehmlich, daß „der Organismus nur Bestehen habe durch Entstehen"*) was Oken jedoch nicht erkannt zu haben scheint, denn sonst würde dessen Glaube an einen wirklichen Kreislauf, wie ihn die Mechaniker annehmen, etwas zum Wanken gebracht worden seyn. Dieß ist aber nicht der Fall, denn es heißt:**) „Ein und derselbe Saft wird von der Kieme zum Darm und von da wieder zur Kieme zurückgebracht." „Die Arterien empfangen den gelufteten Nahrungssaft, und treiben ihn, unter Contraktionen des Herzens, in die Haargefäße", (§. 2519.). „Die Venen empfangen das Blut aus den Arterien in den Haargefäßen, führen es zurück" u. s. w. (§. 2520.). „Wegen der Polarität muß sich die Vene unmittelbar (!) mit der Arterie verbinden" (§. 1981.). Was machen in diesen Fällen die eigentlichen Organe (das s. g. Parenchym)? sind sie nicht bloße mechanische Gefäßvehikel? und ist diese Ansicht wohl verträglich mit der, welche in den Organen selbstständige Thiere erblickt, welche Oken bei der Entwickelungsgeschichte des Foetus, Theorie der Mißgeburten, Sinnorganenbedeutung („das Aug ist ein ganzes Thier" ebendas. §. 2323.) doch selbst genugsam bejaht hat?

Ueberhaupt liegen in Okens unsterblichen Werken so viele Vorbedeutungen (wie wir sie nennen möchten) für unsere hier dargelegten Ansichten, daß man sich wundern müßte, warum Oken seine eigenen Behauptungen oft selbst widerlegt, wenn man nicht bedächte, daß die Menge des Stoffs, mit welchem derselbe aufräumend und ordnend zu thun hatte, auch ihn oft überwältigen und

*) Oken: Naturgeschichte; Mineralogie. Leipzig 1813. S. 9.

**) Lehrbuch der Naturphilosophie Jena III. 1811. S. 50. §. 1965.

irre führen mußte. Welche ungeheuere Gedanken liegen z. B. in diesen Aussprüchen:

„Das Blut ist der flüssige Leib" (§. 1992.). „Der Leib ist das starre Blut." „Blut und Leib sind ganz gleich, nur hier stehn sie, dort gehn sie" (§. 1993.).

Sie sind bei Oken zwar nicht begründet, aber, wie wir gezeigt zu haben glauben, begründbar; und stehen geradezu mit all dem im Widerspruch, was Oken vom Athemprozeß (wodurch gelufteter Darmschleim in den Leib kommen soll (§. 1976.), und wodurch „das Blut geschieden werden soll in mehrere Substanzen" (§. 2654)) vom Dauungsprozeß (z. B. „die Magenverdauung schafft keine neuen Stoffe, sie mischt nur die alten (!) aufs gleichartigste durcheinander" (§. 2631.) und: „die Magenverdauung ist ein thierischer Gährungsprozeß" (§. 2632.). „Durch die Gallenverdauung wird der Speisebrey in Nahrungssaft — Milchsaft — und in Koth geschieden" (§. 2641.) — wo demnach der Magen gegen die Speise als ein Aeußeres, Bereitendes gesetzt wird —) und vom Absondern (z. B. „die Haargefäße ziehen das Lungenblut an, trennen es, scheiden aus, und bilden (!) neue Bestandtheile, und dann stoßen sie es wieder ab" (§. 2661.)) sagt. Denn sind Organ (Leib) und Blut eins, nur dort stehend, hier gehend; so ist das Arterienblut die gehende Lunge, die Lunge das stehende Venenblut, der Milchsaft der gehende Darm und dieser das stehende Blut, die stehende Speise u. s. w. was Oken im Grunde an anderen Stellen selbst ausspricht. So heißt es §. 1923: „Das Luftgefäß (Arterie) ist die Kieme" (also doch wohl das ganze, zurückgebildete Athemorgan und nicht bloß das geluftete Blut?) „welche zum Darm geht, das Lymphgefäß ist der Darm, welcher zur Luft geht."

Eine zweite hier nicht zuübergehende Schrift ist Okens: Universum als Fortsetzung des Sinnensystems. Jena 1808: die sich als die Grundlage der Urzeugungsgeschichte des Thiers mit allem Recht geltend machen kann, und hier um so mehr erwähnt werden muß, weil darin die Thier- und Organenentstehung gerade so nachgewiesen ist, wie wir das Bestehen noch jetzt beim gebornen Thiere sehen. Es wird darin gezeigt, wie das Universum sich verthiert und vermenschlicht, wie die s. g. Naturqualitäten, gleichsam mit Fleisch und Bein begabt, hier wieder erscheinen, wie die Lunge die Luft, der Darm das Wasser und die Erde, das Auge das Licht, nur thierisch verkörpert, gleichsam thierisch bekleidet, sey. — Es ist hier, mit ungemein vielsagender Kürze, eine Thierzeugung vor aller Begattung, wo noch von keinem foetalen Zustand die Rede seyn kann, dargestellt, die für eine wissenschaftliche Physiologie sich noch einmal recht fruchtbar erweisen wird, wenn man nur erst die mechanisch-teleologischen Ansichten, denen Oken keinen geringen Stoß beigebracht, als thöricht, lächerlich und unstatthaft erkannt haben wird. —

Es würde uns hier zu weit führen, wenn wir alle Einzelnheiten, worin wir mit Oken übereinstimmen, oder worin wir von ihm abweichen, aufzählen wollten. Ein Jeder, der Oken inne hat, wird dieß leicht selbst finden, und zugleich erkennen, daß wir manche Ansichten, die lange vor uns Oken erzeugte, uns mit demselben Rechte zueignen könnten, weil sie mit Nothwendigkeit aus den Grundgesetzen des Lebens, die, die Hypothesenwillkühr verbietend, zur eisernen Consequenz uns anhielten, folgen. Ein schönes Beispiel giebt hier die Leber, von der wir im Wesentlichen dasselbe sagen mußten, was Oken schon vor langer Zeit von ihr gesagt hatte. Kann es schönere Bestätigungen von Ansichten geben als solche? — Aber leider bestätigt sich auf solche Weise nicht Alles. Wir treffen nicht in Allem, was Oken, besonders von der Bedeutung ihrer s. g. Absonderungen sagt, mit demselben zusammen. Die Wichtigkeit der Sache erfordert hier noch eine kleine Erörterung.

Nachdem Oken erkannt hat, daß „zwei Substanzen, eine lungenhafte und eine darmhafte, und zwei Prozesse, ein lungenhafter und ein darmhafter" in der Leber vorhanden seyn müssen, (§. 2011. *) sucht derselbe beide folgendermaßen nachzuweisen.

„Die Darmsubstanz (heißt es §. 2012.) leuchtet sogleich hervor und ist nur eine Verzweigung des Darms, die mit dem Gallengang anfängt, sich in der Gallenblase gleich einem Magen erweitert und von da in unzähligen lymphgefäßhaften Zweigen oder Röhren sich in die Leber vertheilt und einen Theil der Substanz ausmacht. Die Gallgefäße sind die Darmsubstanz in der Leber."

Ist dieß wohl physiologisch richtig? Durch die Gallgefäße geht ja augenscheinlich (wir sehen's ja an dem Weg, welchen die Galle nimmt) die Leber in den Darm, keineswegs aber der Darm in die Leber. Was zum Darm geht, muß ihm ungleichnamig, kann nicht der Darm oder das Darmartige seyn. Die Gallgefäße sind daher nicht die Darmsubstanz der Leber, sondern vielmehr das geradezu Entgegengesetzte (nehmlich das Lungenartige) wie wir es §. 203. bewiesen zu haben glauben. In der Galle muß ein noch sauererer Pol, als es das arterielle Blut ist, erkannt werden. Wenn Oken sie ein Phlogistisches, eine inflammabele Erde (§. 2017. und 2019.) also ein Basisches nennt, so hat sich derselbe

*) Lehrbuch der Naturphilosophie III. S. 57.

mehr durch einseitige chemische als durch allseitige physiologische Gründe bestimmen lassen.

Daß von dieser Mißkennung eine unrichtige Deutung der lungenhaften Lebersubstanz die Folge war, steht zu erwarten. Es soll die Gefäßverzweigung seyn, wobei keine Rücksicht auf die ganz entgegengesetzte Bedeutung der in die Leber gehenden und der aus der Leber kommenden Gefäße genommen wird. §. 2018. wird nehmlich gesagt: „Wie in der Lunge, so auch hier strömt venöses Blut durch die Pfortader und Sauerstoff durch die Leberarterie. Sie kommen zusammen an den Enden der Gallgefäße; und wie in den Lungenbläschen so geht hier die Zersetzung vor sich." Da das Lungenartige, welches in die Leber geht, leicht aus seiner Herkunft (von der Lunge) erkannt wird, so wird nicht minder die Bedeutung des aus der Leber Kommenden durch seine Hinkunft erkannt werden können. Da nun die Lebervenen zur Lunge gehen, und zu dieser nur das Ungleichnamige, das Nichtlungige, besonders aber das Darmige sich begiebt; so werden die Lebervenen gerade das Entgegengesetzte der Gallgefäße, also das Darmbedeutende der Leber seyn (vergl. das oben von der Leber Gesagte §. 204.). Die Ursache obiger Mißdeutungen war ohne Zweifel der Umstand, daß Oken die Gegensätze, woraus die Leber wird, nicht genug von denen unterschied, wozu sie wieder sterbend sich umwandelt. Auch ist Oken's Theorie der s. g. Gallabsonderung keine viel bessere und genügendere als die der gewöhnlichen Physiologen. Zwar wird dabei die Mithülfe der Arterien ebenso wohl als die der Venen geltend gemacht; aber es ist viel zu mechanisch und unerweisbar, wenn man behauptet, daß „die Galle in den Berührungspunkten aller Gefäße abgesondert werde" (§. 2020.). Daß die Lebergefäße einander berührend in einander übergehen, ist von Niemandem erwiesen, da Einspritzungen womit man es zu beweisen bemüht ist, in der todten Leber Zerreißungen u. s. w. bewirken. Es ist diesemnach auch unrichtig zu sagen, „die Leber verwandle das Blut in Galle" (§. 2522.) wobei die Leber, wie nach der gewöhnlichen Absonderungstheorie, als ein Aeußeres, als eine Maschine gesetzt wird; eine Ansicht, die Oken nicht theilt, wie es z. B. folgender Ausspruch beweist: Jedes Organ arbeitet für das andere, indem es für sich zu arbeiten wähnt, und auch wirklich für sich arbeitet, indem es den Genuß davon hat" (§. 2628.). Was in unserer Sprache so viel heißt als: jedes Organ arbeitet, macht sich nur selbst, und was die anderen von ihm erhalten, ist nur sein Genossenes und Gewesenes — Koth.

Okens Ansicht vom Thierleben ist eine, dem Wesentlichen nach, von der unserigen, hier entwickelten, nicht verschiedene. Oken bezeichnet es in dessen Verwirklichung als einen thierischen Galvanismus, z. B. „der Galvanismus ist das Prinzip des Lebens. Es giebt keine andere Lebenskraft als die galvanische Polarität. Galvanischer Prozeß ist mit dem Lebensprozeß eins (§. 819. *), Ferner „der Lebensprozeß ist ein organischer, galvanischer Prozeß" (ebendas. §. 822.). — Hiemit ist nun auch nothwendig der ewige Wechsel erkannt und ausgesprochen. Oken zeigt auch im Thiergalvanismus die Nothwendigkeit des Vorhandenseyns „einer beständigen Erneuerung der Spannung" (ebendas. §. 806.). „Es giebt keine Beharrlichkeit im Thier. Nur der Wechsel ist beharrlich" (§. 862.). „Das Leben besteht in dem Wechsel der Pole" (§. 864.). Hiemit ist nun auch O.

*) Lehrbuch der Naturphilosophie II. S. 10.

der Tod, das Sterben, ein Anderslebendigwerden. „Die Zerstörung (das Sterben) ist keine für die Natur. Es entstehen in demselben Momente wieder andere Organismen an anderen Stellen. Das Polzerstören ist nur ein Polwechseln" (§. 859.). „Das Sterben ist kein Vernichten, sondern nur ein Wechseln" (§. 865.). Da nun mit diesem aufs deutlichste gesagt ist, daß jeder Wechsel im Organismus ein Sterben und Lebendigwerden zugleich, ein Tödten und Wiederbeleben zugleich sey; so ist es allerdings auffallend, wenn Oken, nachdem derselbe die Bedeutung des Speichels (= „Verdauungsgift" §. 2620.) ächt physiologisch ausgesprochen, und im „Schmecken ein Salzverdauen" (§. 2626.) (also Salzsterben) erkannt hat, dennoch rein teleologisch von den andern Sinnesverrichtungen (Sensationen) spricht, die doch erweislich, wie das Schmecken, nicht Zweckverrichtungen sondern erst Folge der Selbstsucht dieser Sinnorgane sind; so daß man dem obigen Ausspruch entsprechend mit vollem Rechte:

statt: „die Nase nimmt den elektrischen Zustand der Luft wahr" (§. 2719) sagen muß, die Nase verdauet (tödtet) den Elektrismus der Luft (sich dadurch miterhaltend); und

statt: „Wie im Ohr sich Klangfiguren abbilden, so nimmt der Sehnerv das Farbenbild wahr" (§. 2809.) es heißen muß: wie im Ohr die Klangfiguren aufhören und zu Ohr werden, so nimmt der Sehnerv das Farbenbild assimilirend in sich auf, macht es zu Auge u. s. w. Kurz was von einem Sinn gilt, muß von allen gelten, sonst stößt O. ja selbst das Gesetz der Repetitionen, welches er so schön zu begründen geholfen, über den Haufen.

§. 227.

J. Döllinger. Wenn man Döllingers Abhandlung: „Was ist Absonderung und wie geschieht sie“ (Würzb. 1819.) aufschlägt und liest:

„das Leben überhaupt ist nur ein Werden, und was zum Leben als Seyendes gehört, beharrt nicht, es kommt und vergeht, nur die Form des Werdens bleibt, und sie ist es, die wir als das Feststehende wahrnehmen,“ (S. 40.)

so wird man angenehm überrascht und glaubt bei so verwandten Ansichten auch entsprechende Resultate ihrer folgerechten Durchführung zu finden. Allein wie irrt man sich! Das ganze Werkchen liefert den Beweis, daß D. obigen Ausspruch so wenig, wie so viele andere hier zerstreuet vorkommende ihrem ganzen Umfange und tiefen Inhalt nach erkannt hat; daher denn auch die hier entwickelte dem Thierleben zwar würdigerere Ansicht von der Absonderung als die früheren, eine gänzlich verfehlte und unrichtige ist. Ueberhaupt fehlt es der Abhandlung, deren viele ächt wissenschaftlichen Bemerkungen die Genialität des Verf. beurkunden, an einer Festigkeit und Bestimmtheit, worauf man freylich schon durch die Vorrede gefaßt gemacht wird, wenn es (S. 13.) heißt: „so besteht die Wissentchaftlichkeit nur in der vernünftigen Wahl der Meinungen und in dem guten Willen, das Beste zu wählen“. — Wahrlich eine schöne Wissenschaftlichkeit, die auf dem Strudel der Willkühr, ohne Steuer und Ruder, sich umhertreibt! — Dieses Werkchen liefert davon die einleuchtendsten Beispiele. Es sind darin so viele Meinungen und von so verschiedener Art aufgestellt, daß man die eine immer mit der andern widerlegen kann.

Dieß zeigt sich sogleich bei der Definition des Hauptgegenstandes der Abhandlung.

„Man könnte (heißt es S. 33.) die Absonderung so bestimmen, sie sei jener Akt des thierischen Lebens, vermöge welches eigenthümliche Säfte (!) von dem Gewebe (!) der festweichen Theile des Körpers sich trennen, und in Folge der Trennung sichtbar werden.“ Ferner steht ebendaselbst: „Die Ernährung ist der Akt wo dem Gewebe der Theile neue zu ihm gehörende Stoffe einverleibt (!) werden.“

In beiden Fällen setzt also D. das Gewebe als etwas Bleibendes, Beständiges von dem einmal sich Flüssigkeiten „trennen“ („warum sollten wir nicht vermuthen dürfen, daß die weichen Theile von Zeit zu Zeit etwas von ihrem Wasser nach außen absetzen, welches dann unter verschiedene Modifikationen als abgesonderter Stoff von dem Gewebe des Theils sich trennte,“ S. 31 — 32.) ein andermal dagegen sich demselben „einverleiben,“ was D. jedoch selbst nicht glaubt; denn auf anderen Stellen finden wir gerade das Gegentheil behauptet. So wird z. B. S. 43. gesagt: „In den einzelnen Gebilden hat der innere Wechsel der Materie statt“ — hier wird doch wohl unter Materie auch das Gewebe mit verstanden, folglich nimmt D. in diesem Fall das Gewebe nicht als etwas Bleibendes an; was derselbe S. 41. noch deutlicher ausspricht in den Worten: „Bliebe etwas Materielles im Leibe, so würde dieses Bleibende eben nicht zum Leben gehören; denn nur im Wechsel ist das Leben,“ oder S. 86. „Die Absonderung ist etwas Allgemeines, durch alle Gebilde Verbreitetes, weil die Materie, woraus die Gebilde geformt sind (also auch das Gewebe!) fortwährend vom Leben abzufallen strebt. Nun sind aber nach D. Definition der Absonderung und Ernährung die Gewebe das Bleibende, von denen sich Flüssiges trennt, oder zu denen Flüssiges geht, sie gehören folglich nicht zu Leben" oder D.'s Definition gehört nicht dazu.

Geradezu wird die obige Definition im Verlauf des Werkchens mehreremal widerlegt: z. B. S. 79. „Es liegt gar kein Widerspruch darin, sich den Ursprung der abgesonderten Säfte aus dem Gewebe der festweichen Theile zu denken," und S. 76. „es ist gedenkbar, daß die Nervenfäden zerfließen, und sich regeneriren, und auf diese Weise beitragen zur Erzeugung einer sich absondernden Flüssigkeit."

Man sieht daß D. hier über das Einzelne das Ganze aus dem Gesicht verloren hat. Es giebt hier so viel trefflich einzelne Bemerkungen, daß ihre richtige Erkennung und Einsicht zu einer ganz anderen Theorie der Absonderung geführt haben würde.

Unter dem trefflichen zeichnen wir das aus, was zunächst mit unsern Ansichten zusammen trifft, aber D. von dem Verdacht nicht befreiet, manches aus Wilbrand, dessen er übrigens, wozu hier doch Gelegenheit genug gewesen wäre, gar nicht erwähnt, entlehnt zu haben.

So kommt S. 43. eine Stelle vor, die uns so recht aus der Seele gesprochen ist: „was in diesem Augenblick ein Bestandtheil des Hirns ist, kann nach einer Stunde ein Bestandtheil des Herzens seyn, und was jetzt Knochenmasse ist, kann morgen als Fleisch sich bewegen" — Es ist unbegreiflich wie ein D., der so etwas auszusprechen vermochte, dennoch so höchst einseitig von der Absonderung urtheilen und theoretisiren konnte. Der Mangel an innerer Ueberzeugung seiner Lebensansichten scheint hier die Schuld zu haben. So z. B. zeigt der Beweis, welcher für den Stoffwechsel angeführt wird, recht deutlich, wie wenig fest begründet bei D. eine Lebensansicht war, von der es hier so manche schöne Anklänge giebt. „Alle Stoffe im lebendigen Leibe sind in Wechsel und Wandel begriffen, weil es zur Wesenheit des Thierstoffs, wovon alle thierischen Theile nur Modifikationen sind, gehört, zu wechseln und sich umzuwandeln." (S. 40.). Womit nichts gesagt und bewiesen ist, indem es mit kurzen Worten heißt, alle Stoffe wechseln, warum? weil sie wechseln! Besser, aber nicht erschöpfend sind schon folgende Gründe: (S. 41 — 42) „er (der äußerliche Wechsel der Materie) hat Statt, einmal, weil der Wandel der Materie ursprünglich zum Leben gehört, und das anderemal, weil das Lebende ein Individuum ist, auf welches immerwährend die äußere Natur einwirkt, und von dem wieder auf die Natur eingewirkt werden muß, weil es sich nur in der Wirksamkeit des Streites erhalten kann." Man sieht leicht, daß D. hier doch nur die Außenseite des Lebens aufgefaßt hat.

Ferner S. 49. „hätten die Blutkörner nicht eigene, innere Lust am Laufen, wahrlich die Gewalt des Herzens würde wenig frommen; ich kann mir nicht einbilden, daß es eine Bewegung eines Saftes geben soll, welche lediglich von der mechanischen Gewalt der Gefäße abhinge." Hier wird wenigstens der mechanischen Ansicht von dem Stoßen und Treiben des Herzens etwas entgegengesetzt, obwohl die gute Wirkung dieses Ausspruchs bald darauf wieder aufgehoben wird, indem es heißt: „ich kann mir nicht denken, daß ein Gefäß früher wäre, als der Saft, den es führt." — Wir haben oben hinlänglich bewiesen, daß der Saft, den ein Gefäß führt, dessen Nach, (Sekundäres) dessen Koth sey, den es als ein Gleichnamiges von sich läßt, und daß dieser Saft von dem folgenden Gefäß als demselben ungleichnamig angezogen und zur

Neuwerdung verwandt wird. S. 51. „Der Speichel scheint ein in der Speicheldrüse zerflossener Thierstoff zu seyn." Wir müssen sagen, der Speichel ist die zerflossene (gewesene) Speicheldrüse selbst. „Es giebt gar kein Mittel, die Harnsekretion sich begreiflich zu machen, als aus einem im Nierenblute (!) gelegenen Triebe, sich in Harnwasser aufzulösen und abzufließen" (S. 74.). — Dieß ist der obigen Definition der Absonderung von D. gemäß, und darum falsch wie diese. Das Nierenarterienblut muß erst Niere werden, ehe Harn erscheinen kann, der wie der Speichel keine Blutmetamorphose oder Blutauflösung, sondern eine Nierenmetamorphose und Nierenauflösung ist. S. 84. erwähnt D. seiner Untersuchungen am bebrüteten Ey, nach welchen die Gefäßwände aus dem Blute entstehen, welches sich selbst in ihnen eine Kruste als Grenze zusetzt. Diese bedeutungsvolle Entdeckung, die Wilbrand längst mit geistigem Auge sah, hätte, dünkt uns, wohl hinreichen können, D. vor jener Einseitigkeit zu bewahren, die sich gleich darauf S. 85 so ausspricht: „es scheint die Ausführungsgänge von den Gefäßen zu unterscheiden, daß sie aus den Säften, welche durch sie abgeleitet und ausgeleert werden sollen, nicht entstehen, weil diese Säfte wohl nicht auf jener Stufe der Entwickelung stehen, daß aus ihnen das festere Gebilde hervorgehen kann." — Die Aussonderungsgänge waren sonach bloße Leitungsröhren und in bloß mechanischer Beziehung mit ihrem Inhalt. Auch fragt sich hier, wo kommt das Bewegende des Abgesonderten her, da es doch bei D. S. 41 heißt: „ohne Wechsel der Materie sei keine Bewegung und ohne Bewegung kein Wechsel der Materie." Obige dem Thierleben unwürdige Ansicht wird merkwürdiger Weise wiederum auf einer anderen Stelle geradezu von D. wiverlegt, indem er S. 46. sagt: „ich muß mir vorstellen, daß die Flocke (im Darmkanal) sich von dem Chylus ernährt, wie die Hydra von der verschluckten Nahrung;" und S. 47. „die Flocke nimmt den Chylus nicht auf als etwas Fremdes, der Chylus wird zur Flocke, er setzt sich ihr an, wird ihre Substanz. Das Anschwellen der Flocke ist momentanes Wachsen." Diese wirklich ächt physiologisch dargestellte Flockenbildung steht nun im geraden Widerspruch mit dem, was D. von der Beziehung des Flüssigen zu den Aussonderungsgängen behauptet. Zwar ist nach D. der Chylus eine s. g. Absonderung, weil sein Weg nicht nach Außen (in die Außenwelt), sondern nach Innen geht. Ist aber dieser Unterschied ein wesentlicher, und kann man nicht mit demselben Rechte die Galle und den Harn eine Absonderung nennen? denn auch diese gehen gerade so wie der Chylus, nicht direkte in die Außenwelt zurück. Der Chylus wandelt vom Darm aus, durch eine Menge Zwischenbildungen hindurch, zu einem halb der Außenwelt angehörenden Organ, nehmlich zur Lunge; aber dasselbe geschieht mit Galle und Harn, die durch ähnliche Zwischenbildungen zum Darm und zur Harnblase gelangen, die gleichfalls Grenzorgane sind. Daß der Chylus ganz der Innenwelt angehöre, daß durch ihn der Leib ernährt werde, ist eine unerwiesene Behauptung; man kann nur sagen, daß er zur Bildung und Ernährung der Lunge diene, und es ist sogar erweislich, daß die durch das Wiederzerfallen (Vergehen) der Lunge auftretende s. g. ausgeathmete Luft ihren Haupttheilen nach das Darmige oder Chylöse sey, geradeso wie das Lebrige oder Gallige und das Lungige die Hauptbestandtheile des Koths ausmachen. (vergl. §. 189. b.). Wenn sonach nach D. der Chylus der Flocke nichts Fremdes, sondern, um in unserer Sprache zu reden, der nachfolgenden ein Neuwerdungsmittel (Nahrung) ist, so muß dasselbe für Galle und Gallengefäße, für Harn und Harnleiter gelten; denn diese Flüssigkeiten sind in ihrem organischen Verhalten nicht wesentlich vom Chylus verschieden. — Doch dieß mag genug seyn über den Inhalt einer Abhandlung, die, wie schon gesagt, des Trefflichen gar Vieles enthält, aber dem aufmerksamen Leser so erscheint, als hätten zwei Menschen, der eine mit roh mechanischen, der andere mit lebendigen, von der Würde und Tiefe des Thierlebens durchdrungenen Ansichten, gleichen Antheil an dieser Abhandlung; auf deren Hauptinhalt auch wohl nicht mit Unrecht das zu beziehen wäre, was der Verf. in Bezug auf die Annahme von der Continuität der Gefäße und Kanäle sagt: „Es verlohnt sich keineswegs der Mühe, über derlei (mechanische) Dinge wissenschaftliche Forschungen anzustellen; sie (die Widersprüche in dieser Abhandl.) sind vielmehr psychologische Erscheinungen, von der Befangenheit des menschlichen Geistes in der Macht der äußeren Verhältnisse zeugend; hier waltet das Schicksal (oder vielmehr die derzeitigen zur Gewohnheit gewordenen Ansichten) das mit uns (mit D.) spielt."

§. 228.

Ganz neuerlichst hat ein Mann, von dessen Eifer und Scharfsicht die Physiologie noch Vieles zu erwarten hat, gezeigt, daß man das auch mit leiblichen Augen gewahren könne, was Wilbrand schon vor 15 Jahren mit geistigen Augen sah, und seit dieser Zeit unablässig beschäftigt war, wissenschaftlich zu begründen, nehmlich: die Nothwendigkeit der immerwährenden Metamorphose (Anderswerdung, Umwandlung) in allen Theilen des Thierorganismus. Es ist C. H. Schulz, der durch seine Schrift, „der Lebenssprozeß im Blute" (Berlin bei Reimer 1822.) eine neue Reihe mikroskopischer Untersuchungen über das Blut veranlassen wird. Die Erfahrungen dieses Forschers sind ein großer Triumph für die Naturphilosophie, der man nun die Gabe der Vorschauung, die sie schon so oft bewährt hat, nicht mehr abdisputiren kann. Schulz sah, indem er das Blut im hellsten Sonnenlichte betrachtete, daß dessen Seyn und Bestehen nur ein scheinbares sey, und daß es nur sey und bestehe durch stetes Werden und Vergehen. „Das Werden und Entstehen des einen Bluttheils ist der Untergang des anderen, und umgekehrt hat in dem Grunde dieses Untergangs das Werden eines noch andern seinen Grund, und so fort." *)

Ferner beobachtete S. „sehr deutlich," daß die Gefäße mit dem Blute in derselben Wechselwirkung, als die Theile unter einander stehen. — „Die feinen Gefäße sind in einer fortlaufenden Auflösung ihrer Substanz begriffen, so wie das Blut in sich selbst." **) — „Man kann gar keine scharfe Grenze unterscheiden, zwischen welcher der Strom verläuft, oder vielmehr: man kann keine Gefäße mehr unterscheiden; es sieht aus, als ob das Blut ohne Gefäße strömte; man sieht von einem faserigen Gefäße um den Blutstrom nichts. Aber der Blutstrom ist auch wirklich nicht durch das Gefäß so beschränkt, daß er nicht darüber hinaus könnte." ***) — „Verfolgt man die Bewegung eines Bluttheilchens, das über das Gefäß schon hinausgegangen ist, mit den Augen in seinen Uebergängen, so wird man bald gewahr, daß es sich am Ende mit einem Theil der Substanz des Gebildes fest zusammenschließt, und somit nun in diesem

*) a. a. O. S. 33.

**) a. a. O. S. 37.

***) Ebendas. S. 36.

Prozeß stehen bleibt, ich möchte sagen anwächst, und so sein Theil zur Bildung des Ganzen beiträgt." *)

Dieß sind mit wenigen Worten die bedeutendsten Resultate der Untersuchungen Schulze's, woraus nun die wichtigsten Folgerungen für die Physiologie gezogen werden, die man aber leider nicht lesen kann, ohne den Verfasser entweder der Unkunde mit dem früher geleisteten oder der Ungerechtigkeit zu beschuldigen, indem derselbe Wilbrands mit keiner Sylbe erwähnt, wozu doch hier der Anlässe so unendlich viele sind, indem hier die ganze Metamorphosenlehre Wilbrand's im Umrisse vorgetragen, und das Geschichtliche von Blut, von Absonderung, von Bildung der Organe u. s. w. vorzugsweise nur in Bezug auf die mechanischen Ansichten berührt wird, als wenn die mechanisch gesinnten Physiologen allein Sitz und Stimme im Reiche der Thierlebenswissenschaft hätten, und das bis dahin von den dynamischgesinnten Geleistete noch keiner Beachtung werth sey.

So wird S. 13. behauptet: man hätte bis dahin nur eine „äußere, strömende" Bewegung des Bluts gekannt: „denn daß es auch innerliche Bewegungen habe, wußte (!) man nicht."

Man wußte dieses bis dahin recht eigentlich, und Wilbrand hat das klare Wissen hievon unzähligemal an den Tag gelegt. W. unterscheidet die s. g. Circulation sehr deutlich „1) als Bewegung der Säfte in den Gefäßen (die „strömende") und 2) als Metamorphose" **) womit er den immerwährenden Wechsel der Säfte überhaupt (also auch des Bluts im Besonderen), ihr Sterben

*) Ebendas. S. 39.

**) Wilbrand Physiologie des Menschen. Giessen 1815. S. 26. §. 66. und S. 126 — 174. §. 193 — 294.

und Wiederauferstehen, ihr Gefäß- und Organwerden und Wiederhervorgehen aus diesen, bezeichnet, wie dieß fast jegliche Seite seiner Physiologie beweist. S.'s Behauptung muß also dahin abgeändert werden, daß man die innerlichen Bewegungen des Bluts bis dahin noch nicht gesehen, wenigstens den scheinbaren Wirrwar, seinem Wesen nach, nicht erkannt habe; daß dieß S. gehöre, wird ihm niemand streitig machen.

Ferner kommt folgende, unverzeihliche, ungerechte Beschuldigung vor:

„Bisher konnte man in der Physiologie den inneren Zusammenhang zwischen der organischen Kraft und ihrer Aeußerung, zwischen dem Begriff des Lebens und seiner Manifestation durch den thätigen Verlauf des elementaren Prozesses nicht aufzeigen." — „Man konnte den inneren Verlauf des plastischen Prozesses nicht verfolgen, sondern mußte bei dem Fertiggebildeten stehen bleiben." (Ebendas. S. 42.).

Hätte der Verf. „in der mechanischen" Physiologie gesagt, so würden wir ihm beipflichten, denn dann hätte er keine begründetere Wahrheit aussprechen können; aber so wie die Behauptung hier steht, ist sie unwahr, und wird namentlich durch Wilbrand's Leistungen widerlegt. Auch selbst dann, wenn S. diesen Satz allein auf das durch Beobachtung und Erfahrung Gefundene beziehen wollte, ist er unwahr, denn wir finden namentlich bei Döllinger Thatsachen angemerkt, die S. (wahrscheinlich unbewußt, weil er D. nicht citirt) bestätigt hat, und die demnach schon vor ihm da waren. So spricht Döllinger von einer mikroskopischen Beobachtung, bei welcher er aus dem Blut die Gefäßwände entstehen sah. *) Ferner sagt D. „ich habe an meinen Fischchen wahrgenommen, daß ein Theil ihres Körpers zu Blut wurde,“ **) und endlich bemerkt er: „die kleinsten Blutströmchen haben keine Gefäßwände, das Blut tritt frei in den Thierstoff hinein. Diese Thatsache leidet keinen Zweifel mehr, und kein Mensch wird ferner an Haargefäße denken, wenn er nur einmal den Kreislauf gesehen hat.“ ***).

Vergleicht man diese Sätze mit den obigen von Schulz, so wird man sie dem Wesentlichen nach gleich, und Schulz's Behauptung: daß „man den innern Verlauf des plastischen Prozesses nicht verfolgen konnte, sondern bei dem Fertiggebildeten stehen bleiben mußte,“ unrichtig finden, denn aus Döllingers Beobachtungen lassen sich dieselben Resultate ziehen, die Schulz aus den seinigen gezogen; daß aber Schulz dieß umfassender, gründlicher, überhaupt wissenschaftlicher gethan, verdient volle Anerkennung.

Wir können demnach in dem Inhalt von Schulze's Schrift nicht etwas Durchausneues, sondern nur die Bestätigung und Nachweisung des Früheren erkennen, die der inneren Metamorphose der Bluttheile („Urtheile des Bluts“) etwa ausgenommen, die, wenn sie sich wirklich als eine von der nothwendig gleichzeitigen Gefäßmetamorphose verschiedene und unabhängige bestätigen sollte, als neu und ihm eigenthümlich betrachtet werden muß. Wobei wir aber die Behauptung, daß dieser durch „innerliche Bewegungen“ sich offenbarende Lebensprozeß des Bluts ein von dem galvanischen „durchaus ver-

*) Ig. Dollinger. Was ist Absonderung und wie geschieht sie? Würzb. 1819. S. 84.

**) Ebendas. S. 25.

***) Ebendas. S. 56.

schiedener" seyn solle, nicht zugeben können. Es giebt kein treffenderes und ähnlicheres Abbild des Lebensprozesses als gerade den galvanischen, wie dieß Oken*) auf's klarste nachgewiesen hat. Schulze's Behauptung scheint uns bloß auf einem Irrthum zu beruhen, indem derselbe Einerleiseyn mit Einerleibedeutunghaben verwechselt. Es ist weder Oken noch anderen wissenschaftlich zuwerkegehenden Physiologen, die den Lebensprozeß durch den galvanischen zu verständigen suchten, eingefallen, zu behaupten, der Lebensprozeß oder der Blutprozeß sei ein mineralisch galvanischer; was überhaupt unmöglich ist, da Fleisch und Blut nicht Metall und Salzlösung sind. Sondern es sollte nur heißen: Das Verhältniß der Gegensätze (Polarität), welches im gewöhnlichen galvanischen Prozeß (entgegengesetzten Metallen und feuchtem Leiter) so sehr anschaulich hervortrete und wirklich werde, kehre abbildlich auch im Thierorganismus wieder, aber hier, wie es sich von selbst versteht, zwischen thierischen Faktoren und folglich auch auf eigenthümliche, auf thierische Weise, die mit dem Mineralgalvanismus nur den steten Polwechsel (Polerregen und Poltilgen) gemein hat. Ein Wechsel, der sich im Thierischen als Lebendigwerden und Sterben darstellt, wie dieß S. bei den einzelnen Bluttheilchen gesehen hat. Man kann daher die Aeußerungen des Blutlebens mit vollem Rechte einen galvanischen, aber, versteht sich, thierisch-galvanischen Prozeß nennen, indem durch Ritters und Anderer Versuche es als unumstößlich erwiesen ist, daß der feuchte Leiter während der galvanischen Action in einer unaufhörlichen Metamorphose begriffen ist, und eine Wasser- oder Salzzersetzung und eine neue Wasser- oder Salzbildung auf allen Punk-

*) Oken. Lehrbuch der Naturphilosophie II. S. 1 — 9.

ten zu gleicher Zeit erfolgt, wenn sie gleich gewöhnlich nur an den beiden Polen wahrgenommen wird.*)

Was hier nur in der Leitungsflüssigkeit sich ereignet, das kehrt, wie es S. beobachtet hat, in der Blutflüssigkeit, aber auf eigenthümliche, wir möchten sagen auf Blutweise wieder; daher ist hier die Metamorphose mikroskopisch sichtbar, dort dagegen nicht. Es war also wohl nicht gehörige Würdigung des galvanischen Prozesses Schuld an der Verkennung der Gleichbedeudenheit desselben mit dem lebendigen Blutprozeß.

Eine ähnliche Verkennung des Wesens des Chemismus verleitete S. zu sehr einseitigen Bemerkungen über denselben. Statt daß derselbe hätte erkennen sollen, (worauf schon der Gegenstand der Schrift selbst führen konnte) wie der Mineralchemismus im Thier lebendig wiederkehrt, wie die Idee beider identisch, nur die Erscheinungsweise, dort in mineralischem, hier in thierischem Gewande auftretend, eine verschiedene sei, zeigt sich hier eine Verwechselung beider. — Es findet hier das oben vom Mineral- und Thiergalvanismus Gesagte seine vollkommene Anwendung. Auch im lebendigen Thier kehrt nothwendig, in so fern es ein Stoffiges (Reales) ist, der chemische Gegensatz von Base und Säure, welchen die Mineralstoffe so deutlich verwirklichen, wieder, aber zwischen thierischen Stoffen, folglich auf eine ähnliche aber doch eigenthümliche Weise. Man erkenne nur, daß Chemismus ein Allgemeines, Unbestimmtes, ein Rechnen mit unbenannten Zeichen ist, die erst Werth und Bestimmung erhalten, durch das Besondere, worauf sie angewandt und bezogen werden. Dadurch erhalten wir dann einen Mineral-, einen Pflanzen-

*) Man lese die Versuche Ritters und Ermanns in Gilb Ann. 9. B. 1801. und im 10. B. 1802.

und einen Thierchemismus, die alle drei so von einander verschieden sind, wie das Mineral von der Pflanze, und diese beiden vom Thier. Wir müssen S. völlig Recht geben, und ihm beipflichten, wenn derselbe gegen das unbedingte Eingreifen des Mineralchemismus in den lebendigen Thierleib sich auflehnt, aber nicht billigen können wir es, wenn S. vom Chemismus im Allgemeinen spricht, und diesen bloß ins Reich der Mineralien verwiesen wissen will.

Sinnentstellende Druckfehler,

die man vor dem Lesen zu verbessern bittet.

Seite 32 Zeile 7 v. o. statt ihm lies ihnen.
— 38 — 7 v. o. setze nach „eines bestimmten Thiers" „im Foetusstand" hinzu
— 41 — 3 v. o. statt sehen lies sahen
— 43 — 4 v. o. schalte nach „sofern" „es" ein
— 43 — 12 v. o. statt b zu B lies B zu C
— 43 — 14 v. o. statt b lies C
— 51 — 14 v. o. statt des fremden lies des Fremden,
— 56 — 9 v. o. statt Verfassung lies Verfestung
— 58 — 9 v. o. statt keinem lies Keinem
— 60 — 7 v. o. statt so noch lies so nach
— 61 — 3 v. u. statt in welchem lies in welchen
— 62 — 12 v. o. statt neu wird lies nur wird (und streiche das Komma)
— 66 — 9 v. o. statt negativende lies vegetirende
— 66 — 12 v. o. statt die andere lies das andere
— 68 — 10 v. u. statt in solche lies in solchen
— 70 — 9 v. u. statt Stoff lies Rest
— 79 — 7 v. u. statt eines Seyns lies seines Seyns
— 83 — 7 v. u. nach „auf die" schalte „der" ein
— 84 — 1 v. u. statt thierische lies thierischere
— 85 — 1 v. o. statt fleischige lies fleischig
— 88 — 16 v. o. statt nur Aorta lies nun Aorta

Seite 93 Zeile 1 v. u. statt müßten lies müssen
— 94 — 8 v. o. statt (§. 106) lies (§. 203 und 4)
— 99 — 17 v. o. nach „lebendig" schalte „geworden" ein.
— 103 — 4 v. u. statt Spannungsreiche lies Spannungsreihe
— 105 — 14 v. o. statt des thierischen Thiers lies des thierischten Thiers
— 108 — 5 v. o. statt lieblichen Auge lies leiblichen Auge
— 110 — 9 v. u. statt Schranken lies Schwanken
— 110 — 8 v. u. statt eben das sind lies eben das ist
— 121 — 2 v. o. statt ein gleichzeitig lies ein gleichzeitiges
— 123 — 11 v. u. statt seinem Vergnügen lies seinen Vorgängern
— 124 — 11 v. o. statt Thierreiche lies Thierreihe
— 126 — 14 v. u. statt leben lies lebe
— 126 — 12 v. u. statt ein Koch lies wie ein Koch
— 127 — 2 v. o. statt Ungezeugten lies Urgezeugten
— 127 — 13 v. o. statt des Nach lies das Nach
— 128 — 9 v. o. statt es lies er
— 134 — 12 v. u. nach „zu Darm" schalte „und Lunge" ein
— 139 — 11 v. o. statt „was aus der Lunge" lies „was aus der Leber"
— 142 — 3 v. o. statt entwaffnet lies entwässert
— 143 — 11 v. o. statt ist lies begründet
— 145 — 8 v. o. statt („Darm und Leber") streiche die Klammer und setze dem Darm und der Leber
— 150 — 3 v. u. statt einander lies sich
— 152 — 8 v. u. statt dem Leben würdigen lies des Lebens würdigen
— 153 — 6 v. o. statt widertönt lies wiedertönt
— 159 — 6 u. 7 v. u. statt indem überall lies indem so überall
— 162 — 15 v. o. statt „sondern bleibende Theile" lies sondern scheinbar bleibende Theile

Seite 171 Zeile 1 v. u. nach strebt setze das Zeichen „
— 172 — 3 v. o. streiche nach Leben das Zeichen „
— 174 — 8 v. u., statt waren lies wären
— 174 — 5 v. u. statt Abgesonderten lies Ausgesonderten

MIX
Papier | Fördert gute Waldnutzung
FSC® C083411

Zeitfracht Medien GmbH
Ferdinand-Jühlke-Straße 7
99095 Erfurt, Deutschland
produktsicherheit@kolibri360.de